全国高等教育艺术设计专业规划教材

Commercial Space Design

商业空间设计

李远 唐茜 李雯雯 主编

总主编 邓诗元

中国轻工业出版社

图书在版编目（CIP）数据

商业空间设计/李远，唐茜，李雯雯主编. —北京：中国轻工业出版社，2020.12

全国高等教育艺术设计专业规划教材

ISBN 978-7-5184-1619-6

Ⅰ.①商… Ⅱ.①李… ②唐… ③李… Ⅲ.①商业建筑—室内装饰设计—高等学校—教材 Ⅳ.①TU247

中国版本图书馆CIP数据核字（2017）第224879号

内 容 提 要

本书详细介绍了商业空间设计的种类、要求与程序，并结合具体类型设计实践讲解其设计表现形式和方法，重点讲解了设计概述、分类设计、光环境设计、色彩设计等，穿插精选商业空间图片与案例，客观介绍设计方法与技巧，让读者对现代商业空间设计有全新的认识。全书分七章，不仅集中了国内案例，还引入了国外商业空间设计，重在求新、求精、求全。本书适合普通高等院校环境设计专业教学使用，同时也是装饰装修设计人员的必备参考读物。

本书各章附二维码PPT课件，请读者在计算机中阅读。

责任编辑：王 淳 李 红

策划编辑：王 淳　　　责任终审：孟寿萱　　　封面设计：锋尚设计
版式设计：锋尚设计　　责任校对：吴大鹏　　　责任监印：张 可

出版发行：中国轻工业出版社（北京东长安街6号，邮编：100740）

印　　刷：艺堂印刷(天津)有限公司

经　　销：各地新华书店

版　　次：2020年12月第1版第2次印刷

开　　本：889×1194　1/16　印张：7.75

字　　数：300千字

书　　号：ISBN 978-7-5184-1619-6　定价：46.00元

邮购电话：010-65241695

发行电话：010-85119835　传真：85113293

网　　址：http://www.chlip.com.cn

Email: club@chlip.com.cn

如发现图书残缺请与我社邮购联系调换

201523J1C102ZBW

前言
PREFACE

商业空间设计是当今社会的热门专业,此类教材受众群体多,广大青年学生、设计师对商业空间设计课程具有浓厚兴趣,它区别于传统环境设计课程,以往只针对住宅空间设计进行狭义的设计理论教学,设计师在实践工作中仅凭对市场上商业空间的关注来进行感性设计,设计作品千篇一律,创意造型大多为模仿、抄袭,满足客户的一时之需,对设计师自身发展毫无意义。

如今,商业空间设计成为市场需求量很大的一门课程,要求刚走出校门的新型设计师能面对更广的设计对象,能提出更深刻的设计思想。基于此,本书的编写方向针对环境艺术设计、室内设计和建筑学专业学生,同时兼顾相关行业设计师学习、培训和参考使用。

本书首先讲述了商业空间设计的基本概念、要求、程序等内容,并配置了大量图片辅助说明,图文并茂,立足于基础供读者学习。接着根据分析商业空间的设计原则和表达,列出了详细的设计参考表格与

尺度，提升了本书的适用性，同时本书可以作为工具书查阅参考。书中介绍的商业空间类型，其附带的案例均为以往设计施工的真实案例，并讲解了对应设计方法，实用性强。最后本书附带 PPT 多媒体课件，适合现代教学，同时也可供读者自学参考。

本书分为七章，分别介绍了商业空间设计的相关知识，包括商业空间设计概述、设计要求与程序、设计原则与表达、设计类型设计方法、照明设计、色彩设计、陈设与绿化设计等。由于商业空间设计是一门综合性学科，涵盖艺术学、美学、心理学、建筑学、室内设计学、视觉传达设计、人体工程学等多个学科和领域，书中难免有欠妥之处，敬请广大读者批评指正。

本书在汤留泉老师指导下顺利完成，编写时得到了向芷君、李俊、柏雪、姚欢、闫永祥、杨思彤、杨清、王江泽、王欣、袁倩、刘涛、姚丹丽、刘星、万阳、张慧娟、彭尚刚、戴陈成、余飞、张颢、王光宝、朱妃娟、张达、董道正、童蒙、胡江涵、雷叶舟、李昊燊、李星雨、廖志恒、刘婕、彭曙生、王文浩的帮助，在此表示感谢。

编者

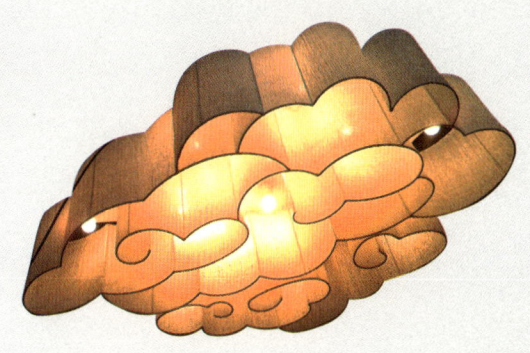

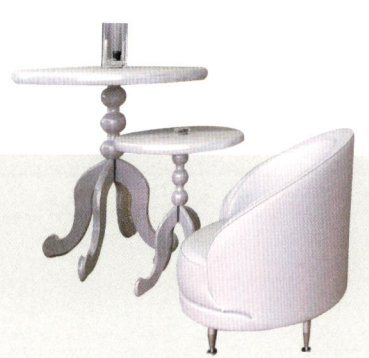

目 录 CONTENTS

第一章　商业空间设计概述

第一节　商业空间设计的含义..........................002
第二节　商业空间设计的特点..........................004
第三节　商业空间设计的发展趋势..................007
第四节　商业空间设计的学习方法..................011

第二章　商业空间设计要求与程序

第一节　商业空间设计要求..............................016
第二节　商业空间设计程序..............................018
第三节　设计师应该具备的素质......................029

第三章　商业空间人体工程学与导向系统

第一节　商业空间设计与人体工程学............032
第二节　商业空间标识与导向系统设计........035

第四章　商业空间类型与设计方法

第一节　购物空间设计......................................042

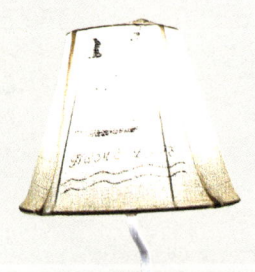

第二节	酒店空间设计……049		第二节	商品陈设……102
第三节	餐饮空间设计……060		第三节	环境绿化……107
第四节	娱乐空间设计……066		第四节	商业空间陈设与绿化设计案例……112
第五节	休闲空间设计……071			

参考文献……116

第五章　商业空间照明设计

第一节　照明设计基础知识……076
第二节　照明灯具的类型与运用……079
第三节　照明形式与表现方法……084
第四节　照明设计的原则……086

第六章　商业空间色彩设计

第一节　色彩设计基础……090
第二节　色彩对人的生理与心理的作用……092
第三节　色彩设计的基础原则与作用……094

第七章　商业空间陈设与绿化设计

第一节　家具摆放……098

第一章
商业空间设计概述

学习难度：★☆☆☆☆
核心概念： 商业空间、商业发展趋势、设计软件

PPT课件，请在计算机里阅读

> **章节导读**
>
> 　　商业空间是公共空间的一种，是商品与服务交易场所，为了提高商品与服务的交易额度，保证投资者的经济效益，商业空间设计成为一门独立的专业学科。商品是一定社会生产力和科学技术水平的产物，它体现了历史的发展和人类的进步。因此，作为商品与消费者之间信息媒介的商业空间设计，也必须带有鲜明的时代特征。在注重商业空间设计时代感的同时，也不能忽略其民族风格。因为特定的地理、气候及其生活环境因素造就了各民族特有的生活习俗和情感反应。学习商业空间设计，应该进行定向分析，以迎合特定的消费对象的审美需求和物质需要。

第一节　商业空间设计的含义

一、商业空间概述

1. 商业空间的由来

人类从事商业活动可追溯到原始生产时期，以家畜、器皿、织物和贵重装饰品等作为等价交换物的以物易物，取代了物物交换形式（图1-1）。不定期交易后来又发展为定期的集市形式，而货币作为交换形式的出现也意味着商业的诞生。集市逐渐以赶集和"庙会"等形式固定下来，而聚集于渡口、驿站等交通要道，相对固定的货贩以及为来往提供食宿的客栈成为固定的商业的原型。北宋著名画家张择端在《清明上河图》中描绘了北宋汴梁的繁荣情景，其绘画作品中就有人们赶集的场景（图1-2）。

商业活动从非定期交易，发展到定期集市，由流动方式发展成集中交易。商业空间的演变也就以流动的空间逐渐演变成特定的空间，而商铺的固定又聚集和吸引了不同的商业种类和商品交易，城镇或商业区便由此产生。

图1-1　古埃及壁画上的物物交换场景

图1-2　北宋人们赶集场景

图1-3 北京南锣鼓巷

图1-4 香港时代广场

2. 商业空间的概念

随着生产力的发展，商业活动由非定期，由赶集成为集贸，由流动的时空发展到特殊的时空。商业空间可以理解为上述活动所需的各类空间形式。

商业空间就是商业活动所需的各类空间环境。商业空间是人类活动空间中最复杂多变、多元化的空间类型。商业概念有广义与狭义之分。广义的商业是指所有以营利为目的的事业，是更变财产所有权以取得利润的一种经济行为；而狭义的商业是指专门从事商品交换活动的营利性事业，就是纯粹的商品买卖。

3. 传统商业空间与现代空间的区别

（1）传统商业空间 传统商业空间一般包括零售商店、餐饮、服务类等这几大消费空间。相对应现代商业空间，传统商业空间主要是指以各种老字号店铺、棚摊或北京南锣鼓巷（图1-3）等著名步行街为代表的传统型购物空间。

北京南锣鼓巷是北京最古老的街区之一，也是北京保护最完整的四合院区。目前是一条非常有特色的商业街，以经营酒吧、工艺品为主。整条商业街以四合院小平房为主，门前高挂小红灯笼，装修风格回归传统、朴实，保留着气度端庄、文采风华、装饰得体、色彩浓烈等风格。但是在这种传统的商业空间中，很少见到正式绿色陈设，取而代之的就是一、两盆单一的盆栽。

（2）现代商业空间 与传统商业空间相比，现代商业空间更像是传统店铺的综合体，已经由单一的零售商店、餐饮类空间、服务业发展为所有的消费性场所，现代的建筑设计也是现代商业空间的一大亮点。这类空间对陈设需求最大、要求极高，受众面广，更要接近世界潮流。

香港时代广场位于香港铜锣湾罗素街，是香港最大型购物中心之一，被香港旅游协会选为香港十大景点之一（图1-4）。所有的消费娱乐设施及停车场共占时代广场其中的十六层。采用百货公司概念的开放式购物廊设计，消费及娱乐设施划分为不同的区域，包括购物、娱乐、休闲及饮食。这座大型购物中心内有超过200间商店及一所设有四间"迷你戏院"的戏院。它成为国内外游客必到之处。

二、商业空间设计

为商业服务的空间环境设计同样具有广义和狭义上的区分。广义上的商业空间设计可理解为所有与商业行为、活动相关的空间环境的设计。狭义上的商业空间设计可以理解为商业活动所需的空间环境设计，狭义的商业空间设计也包含了多方面的内容。

随着人类社会的不断进步和市场经济的迅速发展，现代商业空间的综合功能和规模不断扩大，出现各类商业用途的空间环境设计，如宾馆酒店、餐饮店（图1-5）、娱乐场所、休闲空间、专卖店（图1-6）等空间均属于其范畴之内。人们不再只是满足于商业空间功能和物质上的需要，而是对其环境以及对人的精神影响提出了更高的要求，以满足发展的需要。这就必须形成多样化的特征，其概念也会不断演变和

图1-5　餐饮店

图1-6　专卖店

延伸。

以商品的陈列展示为主，以促进商品销售为目的的空间环境设计称为商业空间设计。它是与人影响周围环境功能的能力、赋予环境视觉次序的能力以及提高人类环境质量和装饰水平的能力紧密联系在一起的。现代商业空间设计应该以满足商业发展需求为前提，搭建商业活动平台，将创新与时代感相结合，营造出满足人们商业活动的空间环境。

商业空间设计不同于人居空间，它包含室外空间、过渡空间、室内空间三大内容。本书将以商业空间中的室内部分为主要内容，就商业空间设计的概念、分类、设计方法、设计程序、光环境、色彩等方面加以讲解。

第二节　商业空间设计的特点

商业空间的设计目的是以其合理的功能、完善的设施和服务来达到销售商品，促进消费的目的。因此，最大限度地满足商业空间的使用功能，满足人们的使用要求，是商业空间设计的永恒主题。在现代商业空间的使用功能上，除传统的设计理念、设计方法外，其功能性特征主要还表现为以下几个方面。

一、展示性

商业空间以商品的陈列展示为主，以促进商品销售为目的，还包括有关产品本身以及附加信息的传达。

商业空间只有通过一定的展示，才能体现它的精神面貌，要想使顾客对商店有所了解，就必须通过商品的展台（图1-7）、展示牌（图1-8）、展板（图1-9）甚至于模特（图1-10）的表演来激发顾客的购买兴趣，促进购买欲望，增加购买信心。商品的展示通过有秩序、有目的、有选择的手段来进行，一个好的展示空间设计会给顾客留下美好的印象。否则，商业空间的视觉形象显得杂乱无章，让人产生烦闷、注意力分散、不愿留步的感觉。

在当今社会中，消费文化是时代的象征和标志，应不断创造出使用顾客心理，具有新艺术潮流的展示空间设计。

图1-7 汽车4S店展台

图1-8 展示牌

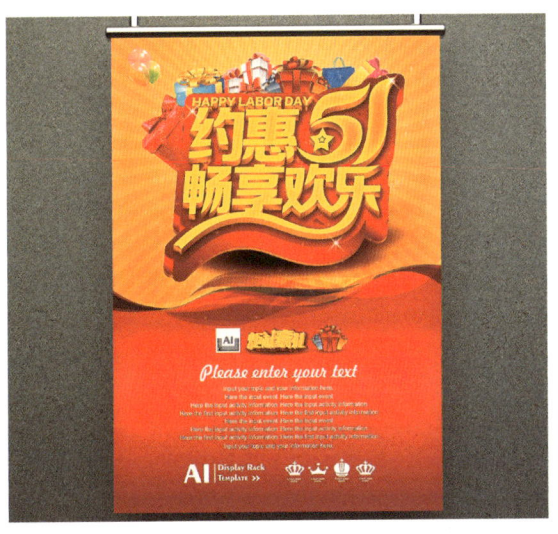
图1-9 展板

图1-10 汽车4S店中的模特

--- 补充要点 ---

处理好人与空间相互关系

1. 研究人与人的互动关系及顾客实现移动时的生动效果；
2. 加强人与空间环境的关系，要创造商业空间戏剧性；
3. 重点使人在心理上对商品产生连续的引起"注意"和被吸引的感觉，但要与周围的空间设计相呼应。

二、服务性

空间存在即为人的需要提供相应的服务功能，满足人们精神与物质生活的需要，其中包括有形和无形的服务，例如购物、休闲、咨询（图1-11）、汇兑、租赁、寄存（图1-12）、修理、餐饮、美容等。

三、娱乐性

在大型商业空间中，经营者一般会提供影院（图1-13）、儿童乐园（图1-14）、电玩（图1-15）、运动休闲（图1-16）等各类娱乐场所，在空间设计上以满足消费者精神需求为主，调剂身心。

四、艺术性

设计是一门科学与艺术相结合的学科,商业空间设计较其他空间相比,更加强调艺术性。好的商业空间设计往往是功能与艺术性的巧妙结合(图1-17~图1-19)。

商业空间的艺术性体现在商业精简设计的内涵和表现形式两个方面。商业空间设计的内涵是通过空间气氛、意境以及带给人的心理感受来表达艺术性的,例如不同经营类型和风格定位在空间气氛和意境塑造上也会有很大的差异性;商业空间设计的表现形式则主要是指空间的适度美、韵律美、均衡美、和谐美塑

图1-11 咨询台

图1-12 超市物品寄存柜

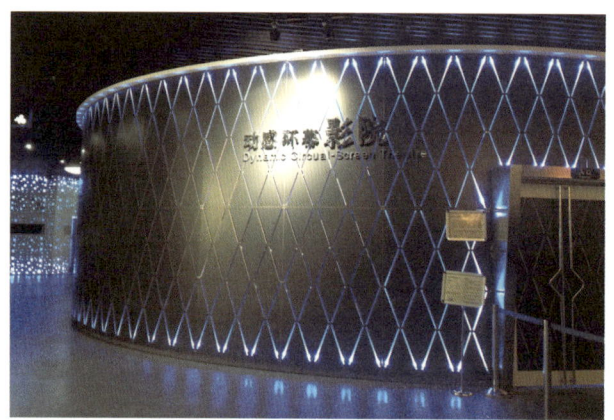

图1-13 环幕影院

图1-14 儿童娱乐区

图1-15 商场电玩区

图1-16 商场休闲区

造的美感和艺术性，不只是简单地指选用装饰材料进行装修和造型设计。

五、科技性

商业空间的科技性首先体现在将新材料、新技术运用于设计之中（图1-20），注重科技手段的运用和加强，通过展示高科技元素以增强空间内环境的时代感和科技感（图1-21）。其次就是商业空间设计的空间划分、功能布局、选材用料以及声、光、热等物理环境的设计应该科学、合理。

图1-17　商业空间中庭地面

图1-18　商场室内中庭景观

图1-19　商场室外中庭景观

图1-20　高科技灯光控制表现

图1-21　商业空间的声光影运用

第三节　商业空间设计的发展趋势

商业空间设计紧随社会的不断进步和科技的不断发展而变化延伸。商业空间设计要有时代性、创新性、前瞻性等时代赋予的使命。随着人们生活水平的不断提高，对居住环境、商业环境、工作环境等空间的设计提出了更高的要求，从物质需求到精神需求，人们给予更多的关注与期待，并使得空间设计呈现出以下几种主要的发展趋势。

一、以人为本

20世纪60年代以后，人们的价值观从"物为本源"转变为"人为本源"。人们在物质生活得到满足的同时，思想念也发生着巨大的变化；开始以人为本，注重自身生活环境的提升。在商业空间设计中，首先要考虑人的感受，即人们在特定空间中心灵的感受及精神需求，做到以人为本；其次再考虑如何运用物质改善空间环境并以此满足精神需求。

1. 对空间做最有效的利用

商业空间环境的设计不仅仅是对建筑的美化，更多的是对商业空间的功能做最有效的利用，使布局更加合理，以满足人们生活的需要；使空间更加完善，以改善人们的居住环境并提升人们的精神需求。在满足功能的前提下，尽可能创造舒适、优美的环境（图1-22）。

2. 注重人的心理需求

商业空间活动是以商业空间的传达和沟通为主要机能的交流活动，其功效的生成与人的心理要素紧密相关。商业空间中不同的色彩、尺度、材质、造型等因素给人的心理传达是不同的，消费者的构成成分及需求、观众的心理状态、观众的疲劳状态等都需要进行调查和研究。如不同年龄、性别、职业、民族、地域、信仰的人，对同样的商业空间环境也会产生不同的心理反应和需求。人们在认知客观事物对象的过程中，总会伴随着满意、厌恶、喜爱、恐惧等不同的情感，产生意愿、欲望与认可等。研究人的心理情感关联着对空间环

图1-22　商业空间的合理布局

图1-23 原生态温室餐厅

图1-24 蓬皮杜艺术与文化中心

境设计的影响，要求设计师注意运用各种理论使设计都能符合观众的心理需求，以更好地调动消费者的能动作用，创造舒适的商业空间环境。

二、原生态

保护人类赖以生存的自然环境，维持生态平衡，合理开发、利用、使用能源，是世界性的话题，是全球关注的焦点。人类离开赖以生存的环境，一切也都将不复存在。正因为人们认识到生态平衡的重要性，所以，在商业空间设计中，人们日益重视保护原生态的空间环境，包括绿色建材的选用和自然能源的合理利用，提倡重装饰轻装修，对天然采光和通风加以充分利用，营造出环保、健康、安全的商业空间环境（图1-23）。

三、高新技术的应用

建筑大师密斯·凡得罗曾说过："当技术实现了它的真正使命，它就升华为艺术。"似乎是把技术等同于艺术了。艺术与技术并肩前行。设计师在发展中意识到了社会的发展方向并进行了顺应历史潮流的探索。密切关注技术的发展动态，甚至是其他领域的，如航空航天、机械制造和自动控制等方面的技术发展动态，大胆尝试将最新的技术和材料结合运用到自己的设计之中去，将永远是设计师应有的职责。建筑中就存在这样以高科技风格为特征的"流派"——高技派，或称为"重技派"。

高技术宣扬机器美学和新技术的美感，它主要表现在以下三个方面。

1）提倡采用最新的材料——高强钢、硬铝合金、工程塑料、碳纤维等来制造体量轻、用料少、能够快速与灵活装配的建筑；强调系统设计和参数设计；主张采用与表现预制装配化标准构件。

2）认为功能可变，结构不变。表现技术的合理性和空间的灵活性既能适应多功能需求又能达到机器美学效果。这类建筑的代表作如巴黎蓬皮杜艺术与文化中心（图1-24）。

3）强调新时代的审美观应该考虑技术的决定因素，力求使高度工业技术接近人们习惯的生活方式和传统的美学观，使人们容易接受并产生愉悦之感。

开放与交流带来了世界经济的一体化，也带来了更多建筑新技术的应用及新设计的发展。这些以新材料、新思想、新设计为主的建筑已席卷全球，美学、环保、智能逐渐成为现代建筑师们的主要追求。

四、多元化

建筑设计中的风格与流派一直影响着设计师，"现代主义""后现代主义"等风格左右着商业空间设计的风格走向，但在多元化的时代，商业空间设计的风格很难用固定的模式区别和统一，商业空间设计的使用对象不同、功能不同、环境不同和投资标准的差异等多重因素都影响着设计的多层次和多风格的发

图1-25 空间设计的多元化混搭　　　　　　　图1-26 空间设计的民族化运用

- 补充要点 -

民族与世界的关系

当我们强调"只有民族的才是世界的"的同时，也应同样强调，"只有世界的才是民族的"。从古至今，任何先进民族的发展，都离不开同世界的交流。只有对世界优秀文化的不断汲取与再创新，才是发展本民族文化的不尽源泉。明清时代之所以发展停滞，落后于世界民族之林，就因闭关锁国，拒绝吸纳世界优秀文化所致。

展。多元化的商业空间设计在当今社会中呈现出一个整体的趋势，代表着时代的特征，反映出当今世界设计的发展潮流（图1-25）。

五、民族化、本土化、世界化

"只有民族的才是世界的"。在文化多元化的今天，世界民族的多元化造就文化的不同，决定着民族间语言、行为、思想、信仰、设计的不同。我国是一个具有悠久历史的文明古国，五千年的历史造就了多样化的民族，形成了不同的文化特征。同样，商业空间环境设计也因地域、文化、历史等因素形成不同的风格特征。在商业空间环境设计上应充分表现民族化的特征，因为只有蕴含民族特色的优秀文化，才具有世界的意义，例如中国功夫、中国园林、中华美食等，皆已驰名世界。在进行商业空间环境设计时，应融合时代精神和历史文脉，发扬民族化、本土化的文化，用新观念、新意识、新材料、新工艺去表现新中式商业空间，创造出既具有时代感又具有民族风格、地方特色的空间环境，这是时代赋予设计师的使命（图1-26）。

第四节　商业空间设计的学习方法

商业空间是相对较大、较广的一门综合性学科，随着社会的不断发展和进步，商业空间也在经历着划时代的变革，主要体现在空间形式的多样化，装饰风格的多样化，设计过程的系统化、复杂化、专业化、设计范围的扩大化上。

因此，想要学好商业空间设计，就要把握好自己的最佳状态，随时都能从生活当中找到灵感来源，抓住头脑中一闪而过的任何亮点，记录下生活中不同的事物，积累和储存它们，这就是在积累和充实自己的创作空间，储存艺术生命。当今的商业空间设计师在充分了解建筑所处的地域、自然环境与人文环境的基础上，进行大胆的创新设计，使原有的地方色彩带有明显的时代特征，在创作中更加显示了自己的艺术风格和自然的韵味。基于此，商业空间设计需要学习以下几点。

一、美术

美术是所有设计的基础。它包括色彩搭配、色彩构成（图1-27）；点、线、面构成（图1-28）；空间构成；这些都是必要的，也是必须的。可以这样说，美术能力好的设计师，个人发展更长远。现在的投资者，很多都会考验设计师的色彩搭配能力，因为设计得再豪华，如果搭配不好，也是堆砌。如果不是美术专业出身的，那就更要多学习色彩方面的知识。

二、工具软件的学习

设计师的工具软件就和厨师手里菜刀的作用一样，需要系统学习才能完善商业空间设计，在商业空间设计中需要学习的软件主要包括3ds max、Photoshop、AutoCAD等。

1. 3ds max效果图

3ds max主要用于制作商业空间三维模型，并赋予灯光、材质，最终渲染成为效果图，用于设计各类商业效果图等（图1-29、图1-30）。

2. Photoshop后期处理

Photoshop是主要用于商业空间效果图后期处理、灯光处理、人物添加等方面的应用，它可以

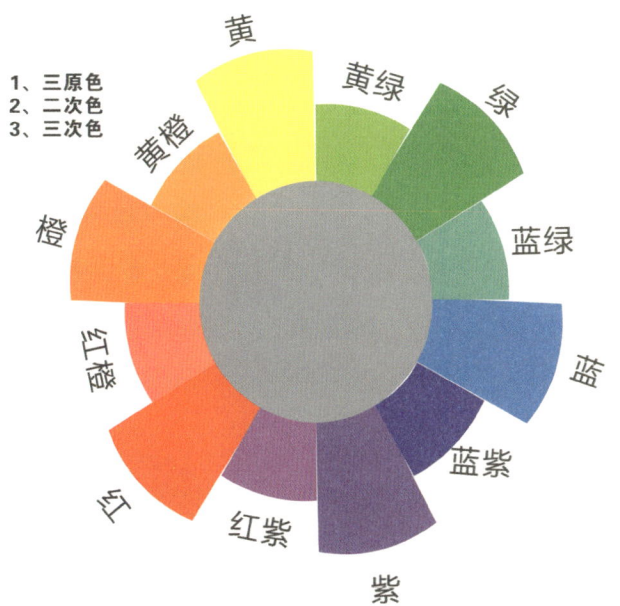

图1-27　色彩搭配标准体CSS矢量图

图1-28　综合设计构成练习

图1-29 3ds max开启界面

图1-30 3ds max商业空间效果图

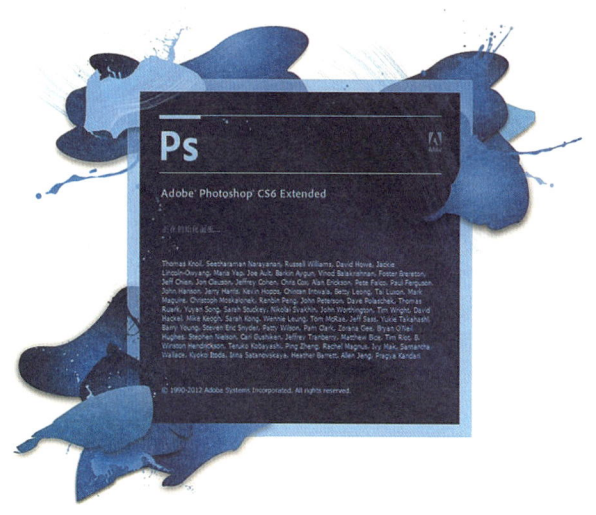

图1-31 Photoshop开启界面

图1-32 Photoshop调整前的效果

图1-33 Photoshop调整后的效果

丰富效果图的光影关系、对比度与色彩效果（图1-31~图1-33）。

3. AutoCAD制图

AutoCAD主要用来制作商业空间平面图、制图标准、节点大样图和展具的设计等（图1-34、图1-35）。

三、专业理论

专业理论是学习商业空间设计的核心内容。专业理论包括：室内设计、建筑学、环境工程学、素描、专业色彩、平面构成、立体构成、空间构成、摄影、制图与透视、人体工程学、照明设计、空间设计等。没有专业理论知识，前面两项都是空中楼阁。专业理论知识是设计师必备的知识。

四、总结

从当前的设计行业情况看来，商业空间设计是很有开展潜力、很有持久性的专业，不仅工作岗位相对稳定，而且薪资待遇也都十分不错，是当前人才相对稀缺的工作岗位之一。想学好商业空间设计这个专业，关键还是要多学多练。这个行业起点是比较低的，零基础都可以直接开始学习，但是它同时又是一个涉及比较广的行业，需要学习的东西有很多。若真的对这方面感兴趣和喜欢的话，就应该朝着这个方面持之以恒地学习开展下去，这样才能在不久的将来成就一番轰轰烈烈的事业。

图1-34 Auto CAD开启界面

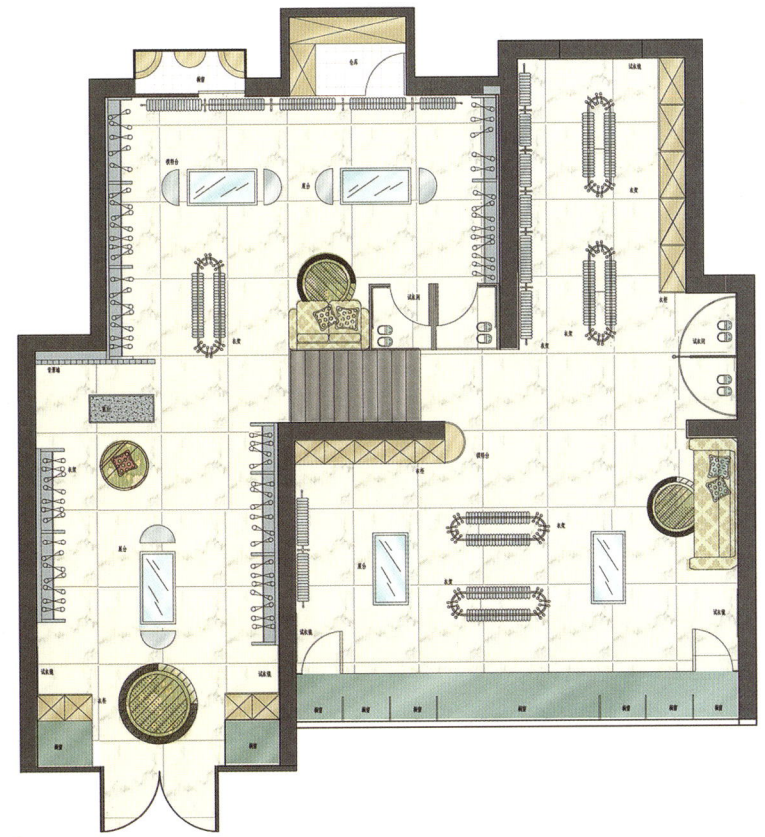

图1-35 Auto CAD绘制的服装店平面图

课后练习

1. 如何理解商业空间设计？
2. 商业空间设计有哪些特点？
3. 谈谈对商业空间的理解，举出生活中商业空间设计的实例并收集相关图片进行分析。
4. 关于如何学好商业空间设计课程，你有哪些看法？

第二章
商业空间设计要求与程序

学习难度：★★★☆☆
核心概念：设计要求、设计阶段、素质

PPT课件，请在计算机里阅读

> **章节导读**
>
> 商业空间设计的最终目的是提高商业交易额，满足投资者的盈利需求。在设计过程中时刻将投资者的要求放在首位，同时融入设计师的创意思维，将固化的设计形式变得生动活泼。设计过程应具有强烈的逻辑关系，将逻辑思维巩固至设计的每一步，而对于设计形式又要趋向于感性认识，综合完成整体设计。

第一节　商业空间设计要求

伴随着人们收入的增长和生活质量的提高以及时代科技的进步，人们对商业空间的设计提出了更高的要求，新的生活方式默默影响着人们对商业空间环境的固有观念。现代商业空间设计应根据购物环境、顾客需求的变化而不断发展。

一、注重空间功能设计性要求

在商业空间设计中，要求的装饰装修、家具陈设、景观绿化等各方面最大限度地满足功能需求并使其与功能性相协调统一，设计师在设计过程中，功能性应是放在第一位考虑的问题（图2-1、图2-2）。

二、注重经济性设计要求

经济性设计简单来说，就是用最低的能耗达到最佳的设计效果。设计作品时应考虑最多的是减少能耗，物尽其用。例如，尽量利用当地气候和通风条件，减少空调能耗；和建筑师共同探讨采光模式，减低照明能耗；在节能方面更多地考虑耐用性和可靠性，充分利用原址建筑与园林景观，降低维护成本等（图2-3）。以期通过这些方案，让空间作品的生命力得以延长，并尽可能为环保做出贡献。此外，采用民俗传统风格设计，能最大程度在当地选材装修，提倡因地制宜的设计理念，降低设计施工成本（图2-4）。

三、注重美观性设计要求

对美的追求是人的天性，但美的概念是随时空变化的。在商业空间设计中，一方面要突出商业空间设计的特点，另一方面要强调设计在文化和社会方面的使命及责任，实际是要把握好两者之间的平衡点。例如，室内服装店的店面设计尽可能简洁轻盈（图2-5），而商业空间户外增加部分景观设计内容，能进一步提升商业空间的观赏价值（图2-6）。

四、注重个性化设计要求

不同时期的文化品味和地域特色是商业空间环境设计以及所有设计范畴永恒的主题。商业空间环境设计也应以此为目标，并要具有独特的个性风格，才可保持设计的永久性和持续性。注重文化品味是传承和延续商业环境的基础，地域特色也是影响和造就经典设计的重要因素，设计中应予以强化。缺少个性化的商业空间设计是没有生命力和艺术感染力的。

在设计初始阶段，从开始构思到深化设计的过程中，奇妙的构思和大胆的创新会赋予商业空间设计勃勃生机。现代商业空间环境设计是以增强商业空间环

图2-1　家具专卖店入口功能

图2-2　汽车4S店展台功能

图2-3　繁华的商业园

图2-4　传统风格的餐厅设计

图2-5　室内服装店店面美观性设计

图2-6　商业空间的户外景观设计

境的购物与心理需求的设计为最高目的，在现有的物质条件下，在满足实用功能的同时，实现并创造出巨大的精神价值。例如，将商业空间赋予异域文化理念，吸引更多慕名而来的消费者（图2-7、图2-8）。

五、注重可持续发展要求

可持续发展是当今城市发展的主题。任何时期的经典设计和优秀的商业空间环境的塑造无一不遵循这一规律。创造一个符合现代城市发展理念的商业空间

图2-7　具有热带风情的商业空间

图2-8　具有东南亚风情的餐厅外墙设计

图2-9　生态塑木制作的店面招牌

图2-10　菠萝格防腐木制作店面外墙装饰

环境是人们所期望的。在商业空间环境设计中应反对急功近利的开发和建设，在可持续发展理念下进行设计，在注重经济性设计的同时，关注可持续发展。例如，在设计中尽量使用天然材料，减少二次加工污染等，以期造福我们赖以生存的发展环境（图2-9、图2-10）。

第二节　商业空间设计程序

商业空间设计包括设计前期阶段、方案设计阶段、施工图设计阶段和设计施工阶段四个阶段。

一、设计前期阶段

设计前期主要包括以下几个环节：接受任务书（业主委托设计或招标办领取）、与业主交流、了解投资情况、现场勘察、市场调研、收集整理与分析设计资料、编写可行性分析报告等。

在设计前期中，首先重要的工作就是了解和调研同类商业空间项目的设计风格、空间布局、经营状况等信息，以便在设计中能扬长避短，凸显自己的特色。其次通过了解市场的需求、受众的购物及消费心态等内容，把握设计的主旨并明确设计的目的和任务，明确需要做什么之后，进而明白应做什么和怎样去做，才能胸有成竹，拿出优秀的设计方案。最后还要认真勘察现场和综合研究资料及法律法规等，避免设计与国家规范有所冲突，为今后的报建工作打好前期基础。

二、方案设计阶段

通过设计前期对项目的深入研究，在将各种要求、条件及制约因素等分析和整理后，设计的定位已基本明确。下面开始进入商业空间设计的创作过程，将具体的内容和形式落实到具体的空间中。

1. 草图设计

草图设计是一种综合性的作业过程，也是把设计构思变成设计成果的第一步。设计师根据先前获悉的各种相关资料、数据，结合专业知识、经验，从中获取灵感，并通过创造性的思维形式对空间组织进行构思，对色彩设计进行比较，对装饰造型的细节进行推敲，这些都可以通过草图的形式进行（图2-11）。草图的绘制过程，实际上是设计师思考的过程，也是设计师从抽象的思考进入具体的图式的过程。灵感一现的瞬间通过草图记录下一个好的构思或创意，并通过深入思考以草图形式加以深化、完善。

2. 方案设计

方案设计是草图的进一步具体化和准确化并深入设计的过程，要对筛选的设计草图进行设计的深入开发。在这个阶段中，与委托方的沟通是必需的。设计师应当通过各种方式，完整地向委托方表达出自己的设计构思与意图，并征得对方的认可。如果在设计构思上与委托方存在分歧，则应力求达成共识，因为任何一个成功的设计，都是被双方所认可的。

（1）意向图 是通过一些与创意要求相似的参考图片，作为前期的方案书、说明方案构思成果并向委托方传达设计的概念及表现成果，以期与委托方沟通过程中，给委托方以直观的认识并助其深入理解方案设计的意图及创意点，便于设计师与委托方沟通方案设计意图（图2-12）。

图2-11 书店草图绘制

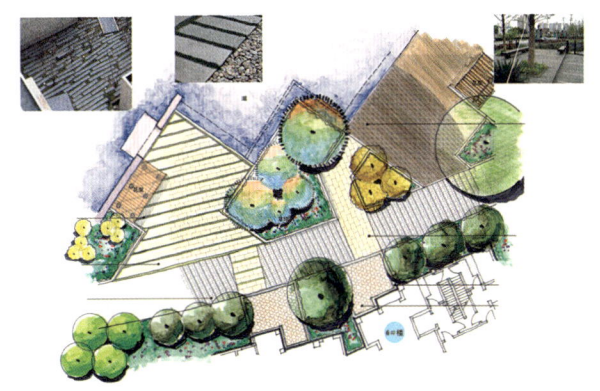

图2-12 商店门前景观设计意向图

图2-13 商店设计模型

图2-14 商业空间效果图

（2）设计模型 是依照设计物的形状和结构，按照比例制成的样品，是对设计物造型的实态检验。通过模型来分析设计物在功能上、结构上和使用上的合理性，容易获得较准确的坚定意见及更直观的效果表现。设计师必须具备制作模型的知识和技巧，以便自己动手或指导制作模型，并在制作过程中及时发现问题，通过修改获得满意的设计效果（图2-13）。模型一般分为粗模型、外观模型、透明模型、剖面模型、测试模型及精细模型六类。

（3）设计方案 设计方案一般包括设计说明、目录、平面图、天花图、主要立面图、透视效果图、造价概算。方案设计图不能完全作为施工的依据，其作用只是便于明确地表达出所设计的商业空间的初步设计方案（图2-14）。

三、施工图设计阶段

草图设计是构思阶段，方案设计是表现阶段，施工图设计是对所设计内容的标准、规范阶段。再好的构思，再美的表现都不能脱离标准和规范。

商业空间设计的施工图是设计实施阶段的技术性图纸。它要求以符合国家标准的规范方法绘制出各个部位的构造图纸。它也是设计师用技术的方法向施工者表达设计意图，规定制作方案的技术文件。施工图设计最主要的是局部详图的绘制。局部详图是平面、立面或剖面图任何一部分的放大，主要用来表达平面、立面和剖面图中无法充分表达的细节部分，包括节点图和大样图，一般用较大的比例尺寸绘制。这里列举一套比较完整的KTV商业空间设计施工图供参考学习（图2-15～图2-22）。

四、设计施工阶段

设计施工阶段，是实施设计的重要环节。为了使设计的意图更好地贯彻实施于设计的全过程中，在施工前，设计师要做好设计交底工作，明确解释设计说明及图纸的技术要点；在实际施工阶段中，要经常到现场指导施工及按照设计图纸进行审验，并根据现场实际情况进行设计的局部修改和补充；施工中要协调施工方选材；施工结束后，配合质检部门和投资方进行工程验收。

第二章
商业空间设计要求与程序

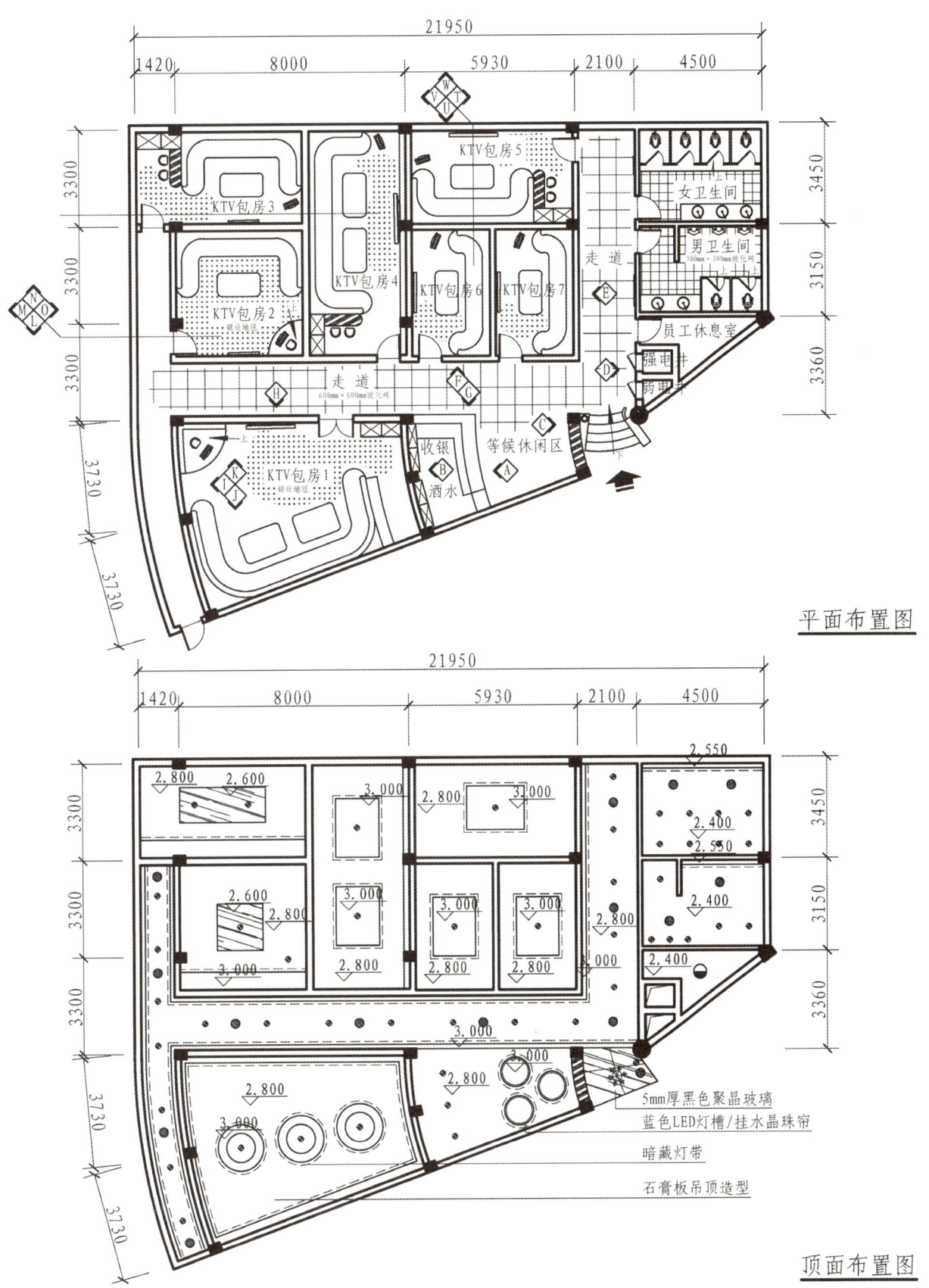

平面布置图

顶面布置图

图2-15 KTV空间设计平面图与顶面图

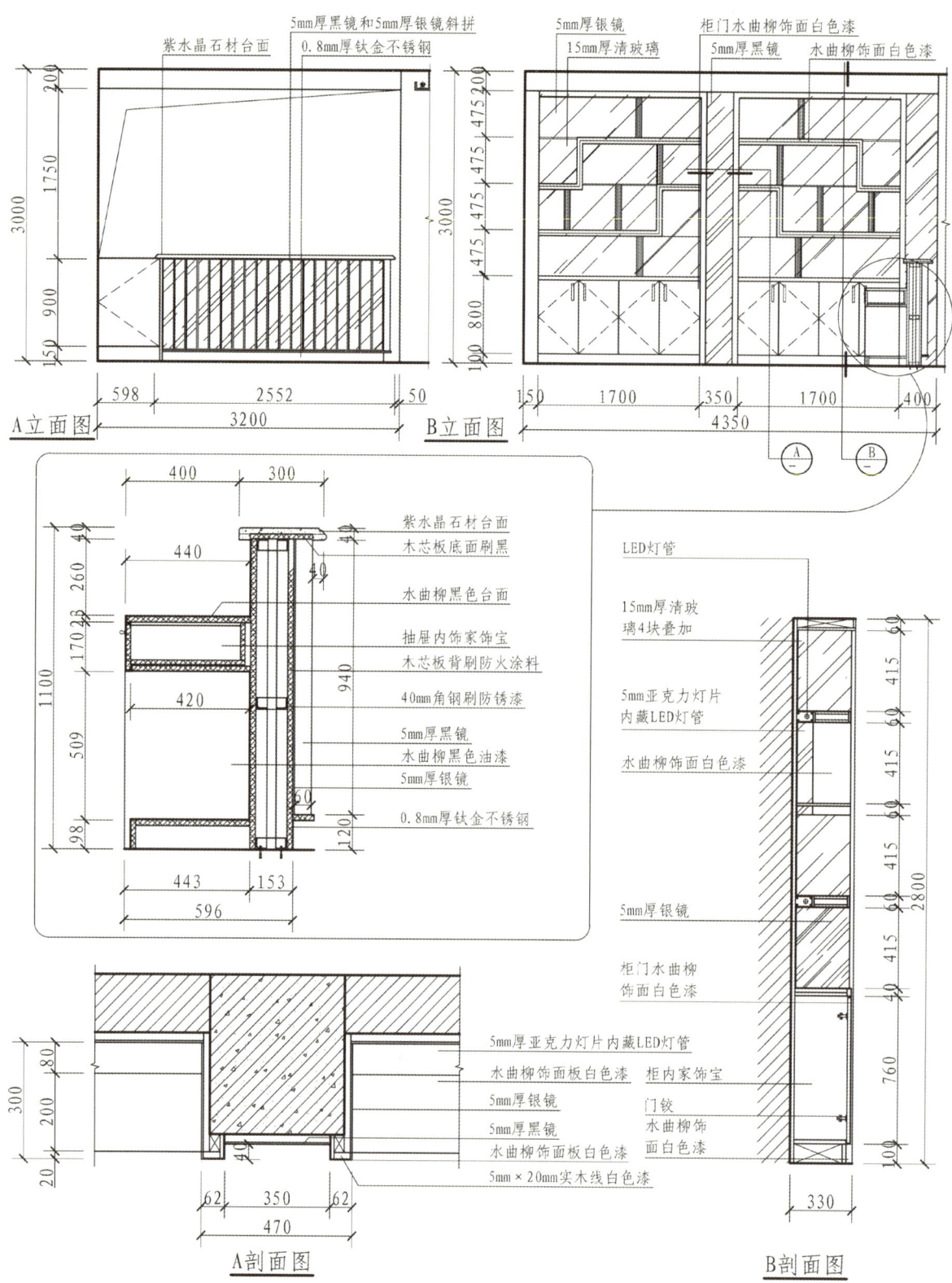

图2-16 KTV空间设计AB立面图与剖面图

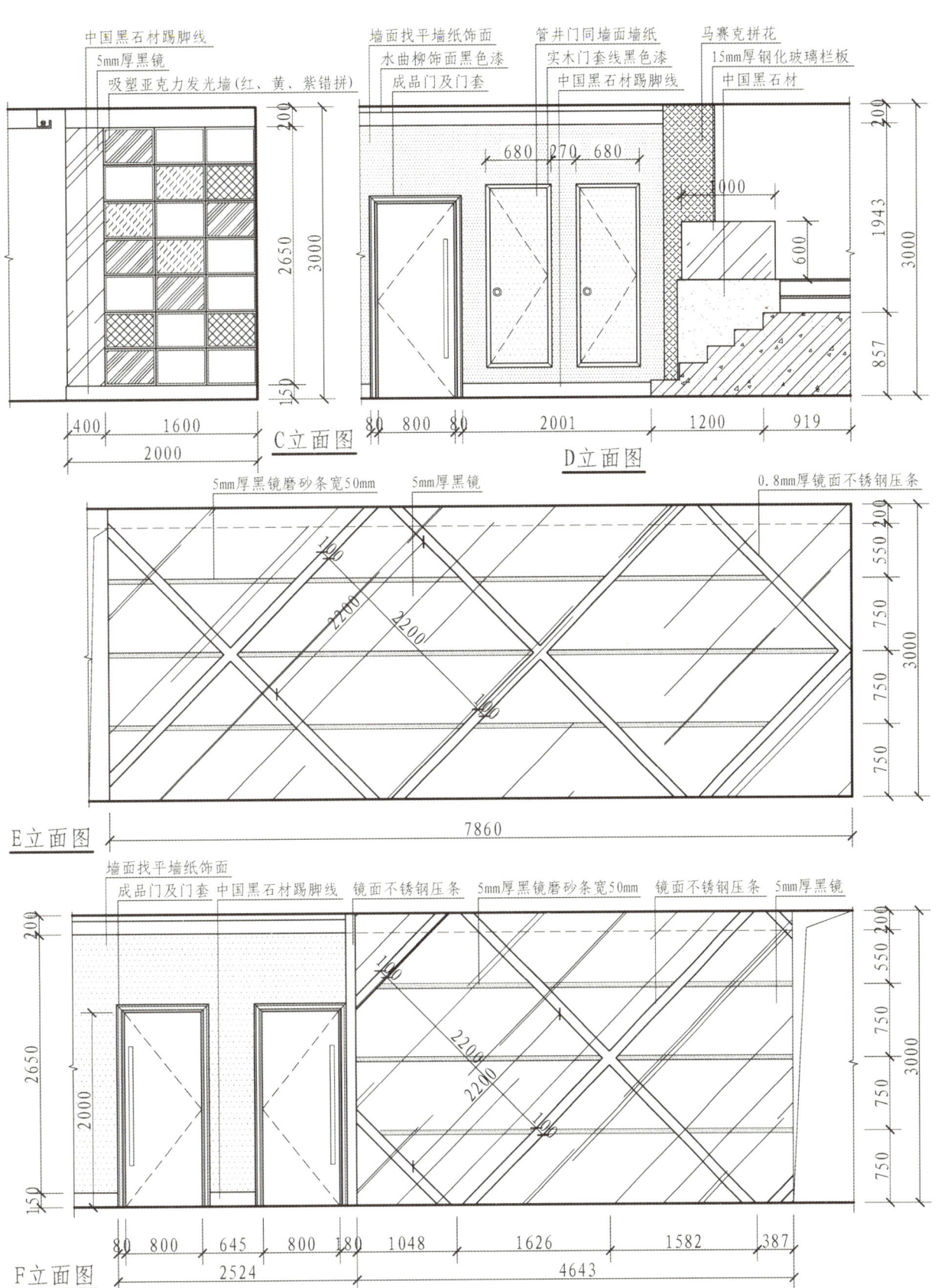

图2-17 KTV空间设计CDEF立面图

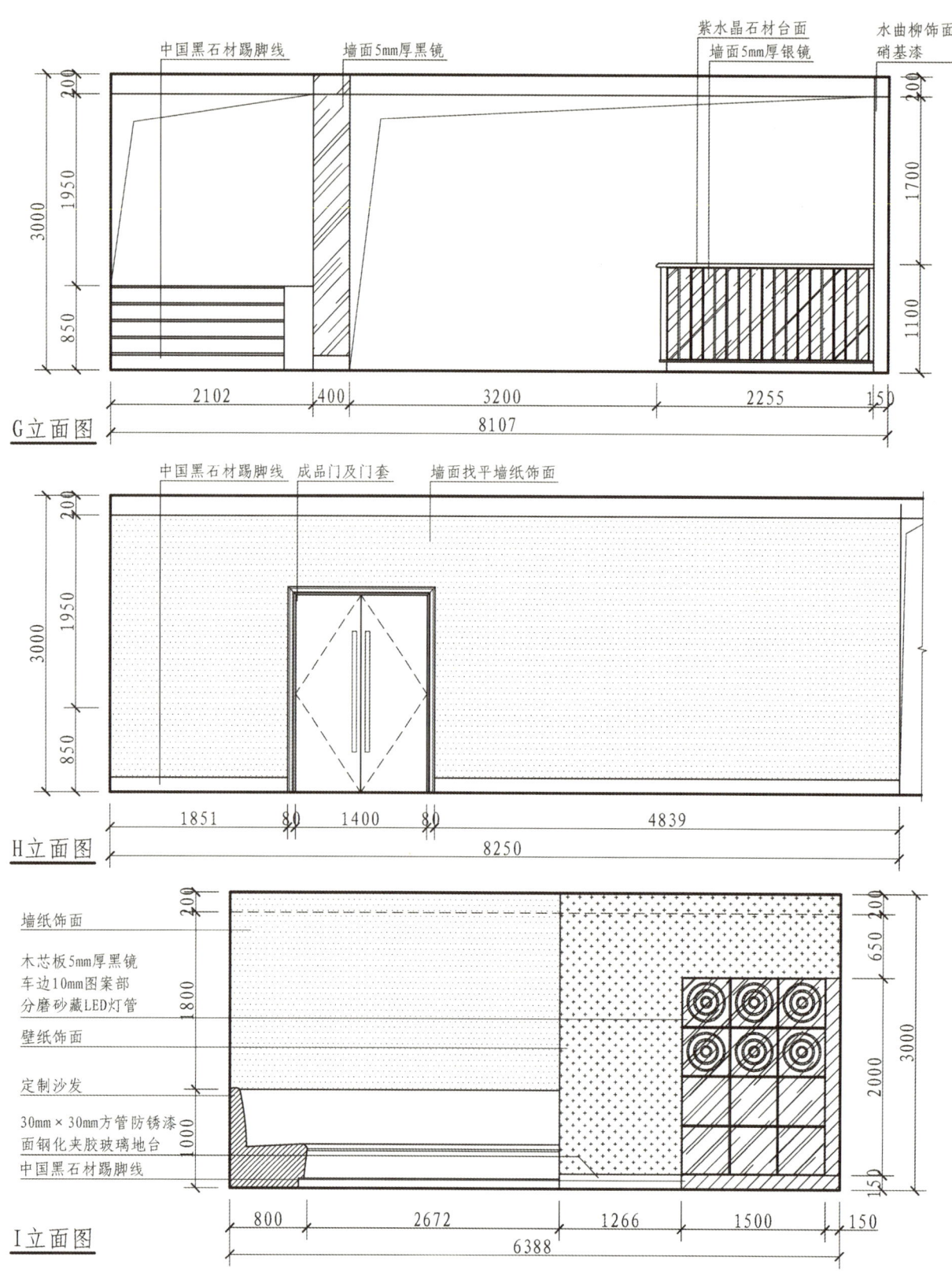

图2-18 KTV空间设计GHI立面图

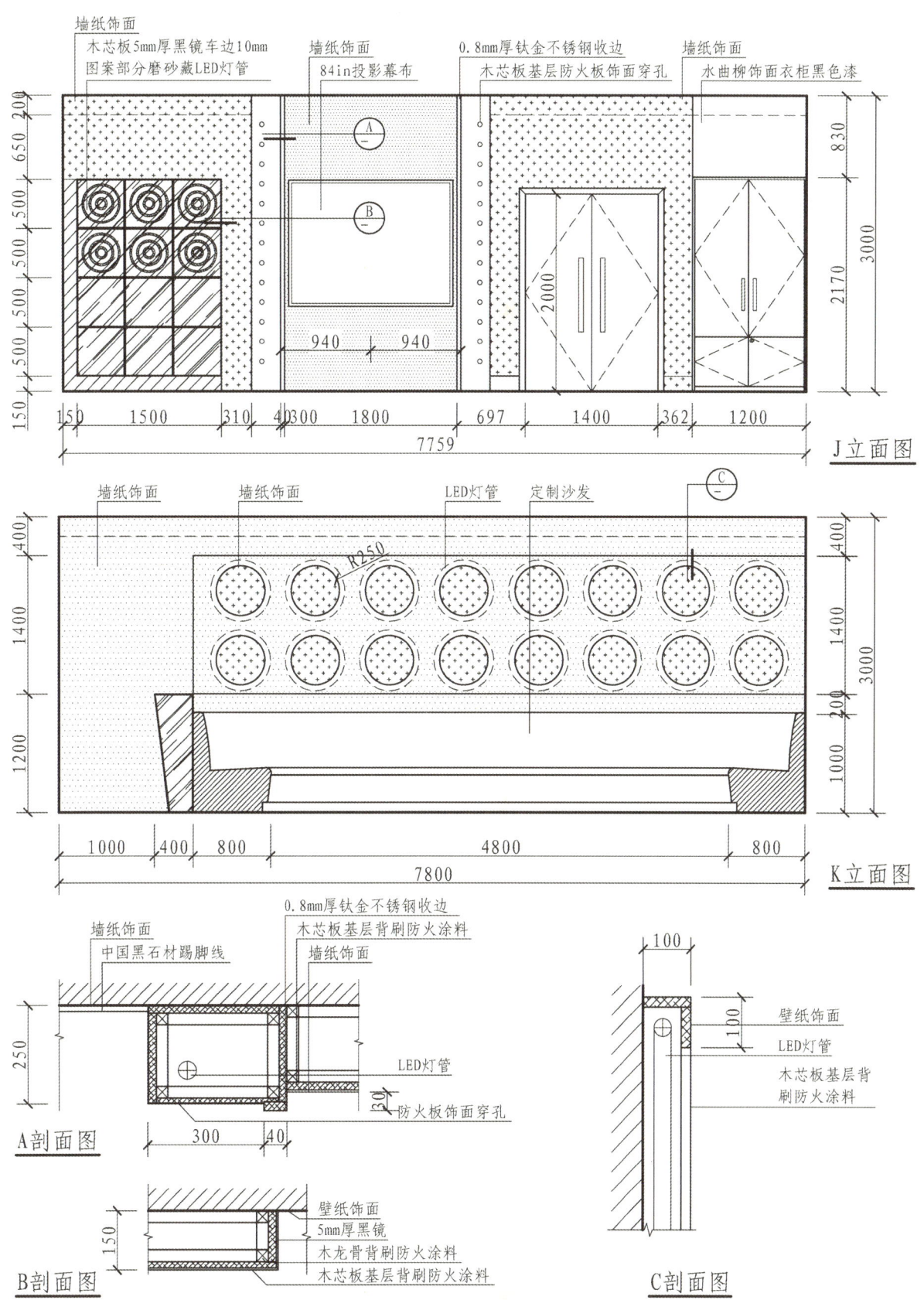

图2-19 KTV空间设计JK立面图与剖面图

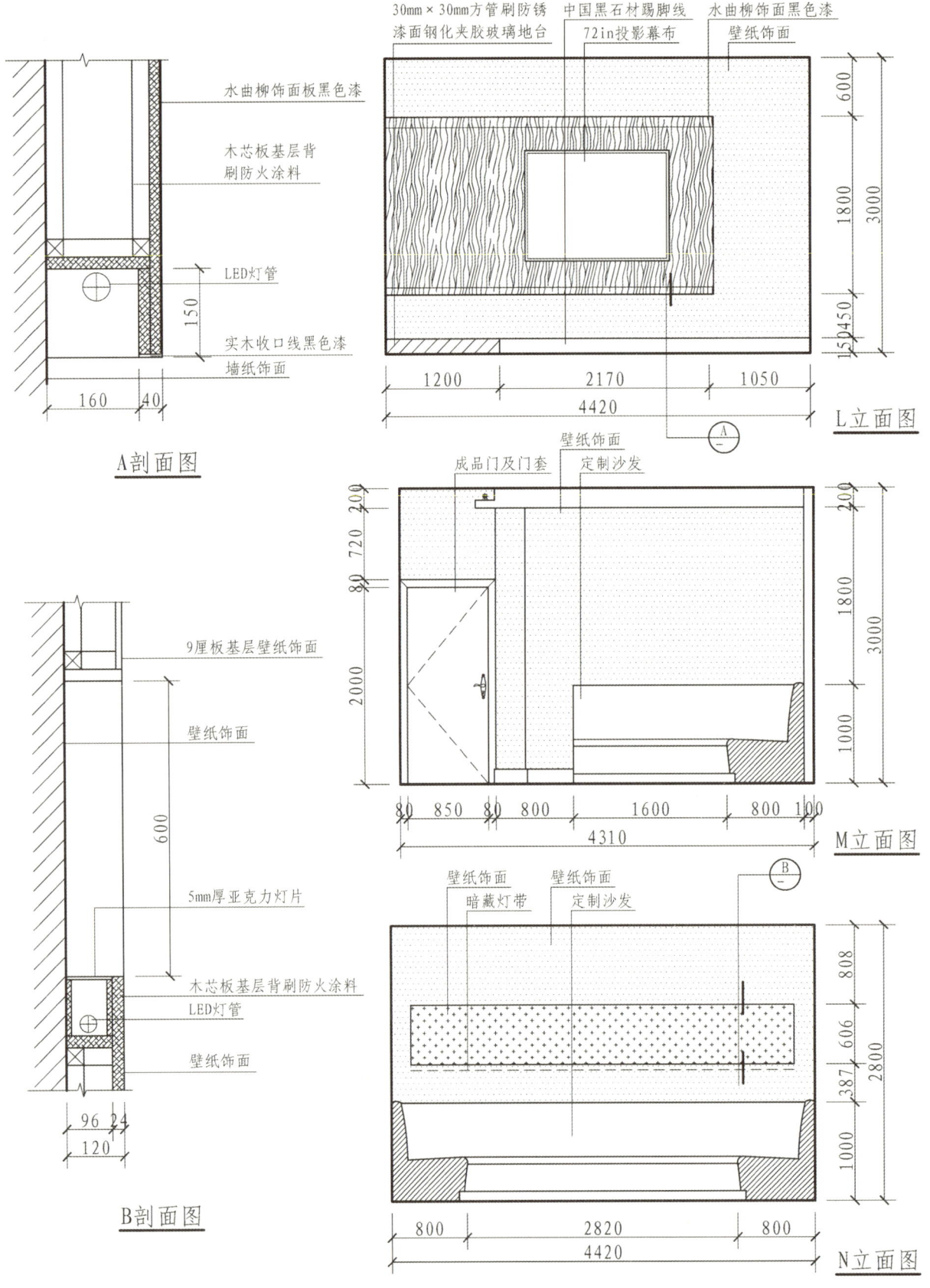

图2-20 KTV空间设计LMN立面图与剖面图

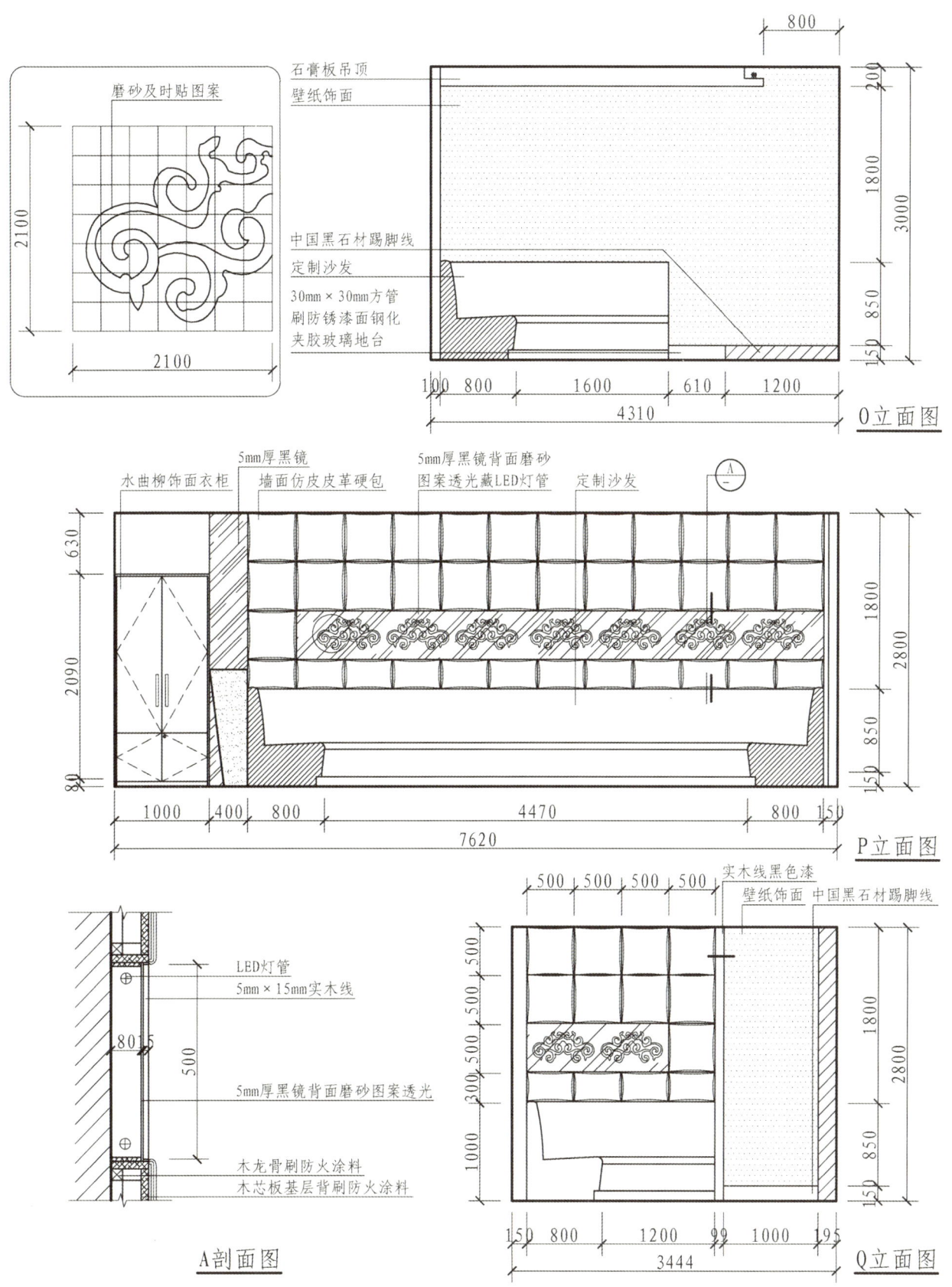

图2-21 KTV空间设计OPQ立面图与剖面图

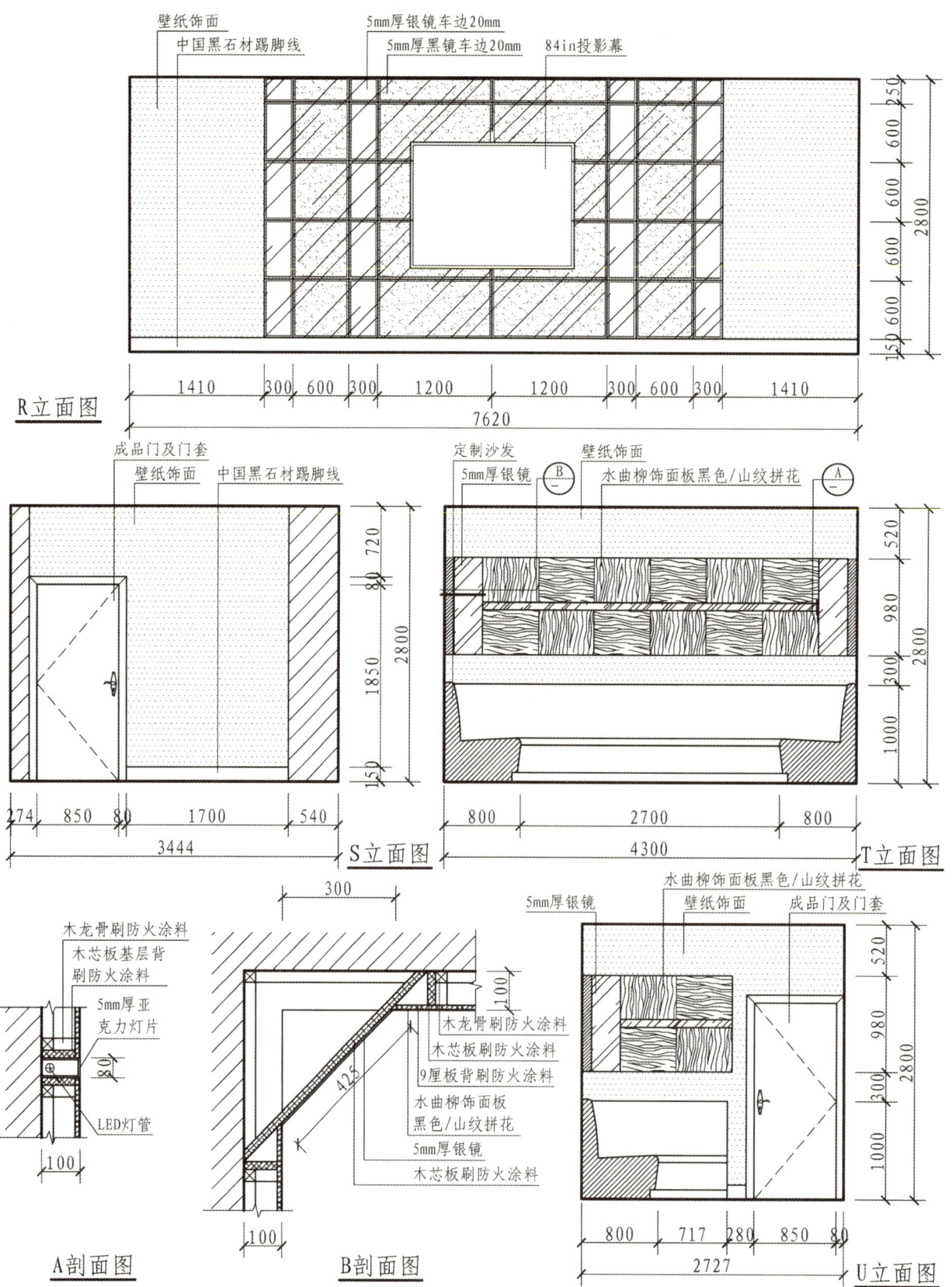

图2-22 KTV空间设计RST立面图与剖面图

第三节　设计师应该具备的素质

一、设计能力

商业空间设计是一种空间艺术，因此，对空间的理解和想象能力至关重要。平时要多观察、多思考，以培养三维思考能力。要熟练掌握造型基础、色彩运用、计算机应用、透视效果表现，并能将自己头脑中的设计意图准确、熟练地表现出来，要对尺寸、数字有清醒的概念，要对新材料、新技术多学习并应用于设计之中（图2-23、图2-24）。

二、创新能力

设计的主旨体现在创新上，正因为不断地创新，才会有更好的设计。"没有最好，只有更好！"应该是设计师不断追求的目标。相同的空间和资金可以得到不同的空间设计效果，创作完美的艺术空间对于设计师来说，永远都是挑战。

三、协调能力

设计师就像润滑剂，要协调各专业人员配合完成设计，要协调投资方与施工方共同完成施工建设。为达到理想的设计效果，设计师必须主动、全面、准确地掌握设计、施工中各环节的进度、动向，并检验是否达到设计效果。

四、沟通能力

设计师应善于宣传自己和自己的设计；在展示设计的同时听取别人的意见；善于同别人合作，有良好的团队意识。

五、指导能力

工程是按图纸施工，现场交底、设计变更是常遇见的情况，设计师要协调、指导现场施工，要有能力判断、决断。发现问题及时解决。

设计师要有敏锐的观察力，对时尚动态和发展趋势都要有灵敏的嗅觉。设计是综合的艺术，设计师要对文学、戏剧、电影、音乐等具有较深的理解和较高的鉴赏水平，才能在空间的文化内涵、艺术手法、空间造型等方面进行深入的设计表现。设计师必须脚踏实地、提高自身修为，只有这样才能做出好的设计方案。

图2-23　商业空间线稿绘制

图2-24　商业空间着色表现

- 补充要点 -

商业空间设计师的分析能力

投资者让设计师做设计方案，是为了盈利。投资者希望通过一个优秀的方案来增强竞争力、吸引消费者，获得更多利润。为达到这个目的，设计师在设计方案前，必须针对投资者所在行业做出精准的分析，这就要求设计师具备良好的分析能力。具有这样的基本功，设计师才能对业主的核心竞争力与盈利点做出分析与策划，并以此为基础做出一个优秀的设计方案。例如，酒吧投资者的核心竞争力是歌手的驻唱效果好，那么在空间设计上就需要体现浓浓的音乐氛围，声、光、味都应该面面俱到，更需要对驻唱歌手进行包装、宣传，并在装修上体现浓浓的驻唱歌手的风格。再如咖啡店，如果咖啡是现磨，那么投资者必然想把咖啡磨制过程在消费者面前展现出来，设计师就应当将咖啡的冲调操作台面向消费者，而不是设计在吧台下面。

课后练习

1. 商业空间设计应该注重哪些要求？
2. 商业空间设计包含哪几个阶段？每个阶段又包括哪些环节？
3. 除了本书中所涉及的，请谈谈你认为设计师还应具备哪些素质要求？
4. 为了成为一名优秀的商业空间设计师，你认为需要做哪些努力？

第三章
商业空间人体工程学与导向系统

学习难度：★★☆☆☆
核心概念：人体工程学、导向系统

PPT课件，请在计算机里阅读

> **章节导读**
>
> 商业空间设计原则要符合人体工程学，它是研究人在环境空间中的解剖学、生理学和心理学等方面的各种因素；研究人和机器及环境的相互作用。在商业空间设计中，人体工程学要考虑消费者在商业空间中的行为，关注消费者的健康、安全、舒适和消费效率等问题。此外，商业空间的导向系统设计是由人体工程学引发出来的一项设计任务，目的在于提高消费者的消费效率。

第一节　商业空间设计与人体工程学

一、人体工程学的定义

人体工程学是一门新兴的边缘学科，简称人机学。本学科在美国被称为"Human Engineering"；西欧国家多称其为"Ergonomics"；日本和俄罗斯都沿用西欧名称。我国20世纪80年代将其称为"人类工效学"或简称为"工效学"，但在实际的研究或应用中，我国使用的名称并不很一致。除了人类工效学之外，还有称之为"人类工程学"、"人的因素学"、"人机工学"等。本教材使用绝大多数的著作和研究常用的名称：人体工程学。通过人体工程学的研究，贯彻以人为本的设计，使物与人、物与环境及人与环境相互协调，以求得工作与生活的舒适、简便、安全、高效（图3-1、图3-2）。

二、商业空间人体工程学

1. 商业空间人体工程学的含义

商业空间的人体工程学，就是研究处于商业空间中的人体基本尺度，及人的心理特征、行为特征对商业空间的尺度要求和心理要求（图3-3）。以设计寻求人与商业环境之间的和谐关系，其最终目的就是安全、健康、科学、高效和舒适地取得最佳的使用效能。

图3-1　符合人体动作高度的商品陈列

图3-2　不希望顾客碰到的商品陈列

2. 商业空间人体工程学的作用

商业空间中最基本的人机问题就是尺度，它为进一步合理确定空间的造型尺度、操作者的作业空间、动作姿势等有着重要的帮助作用。

人在不同的商业空间内进行各种类型的活动，所产生的活动范围大小，也就是动作范围，称为动作域。这是确定商业空间尺度的主要依据之一。在人体工程学中，对动作域的设计一方面必须满足肢体的活动的尺度范围和人的动作特征与感知习惯；另一方面对消费用具设计要适合使用时的功能结构要求（图3-5、图3-6）。

目前，以人为中心的设计理念日益成为各设计行业的工作指导方针，使人体工程学这一学科在设计中的应用越来越广泛（图3-7），其主要作用表现在下列四个方面：

1）确定人在空间中活动范围的主要参数依据；
2）确定空间环境及具形态尺度的主要依据；
3）提供空间物理环境适应人体的最佳参数；
4）对商业空间环境设计提供最佳美学的科学依据。

三、主要商业空间应用

掌握人体工程学的基本知识后，人体尺度在不同功能类别的商业空间设计中的应用，主要包括在家居空间、餐饮空间、娱乐空间、商业购物空间、办公空间及展示空间等设计中的应用，以下是主要类别的商业空间中人体工程学设计的注意要点。

1. 餐饮空间

餐饮各功能空间（图3-8）设计应注意以下几点：

1）餐桌的大小与进餐的人数；
2）餐桌布局中主通道与支通道的尺度，并符合客人进入餐厅时的人流行为与方向，以便最近路线抵达餐台；
3）服务员端盘出口的通道尺寸与最佳路线；
4）服务台、吧台客人坐姿、立姿与通道空间的尺度关系；

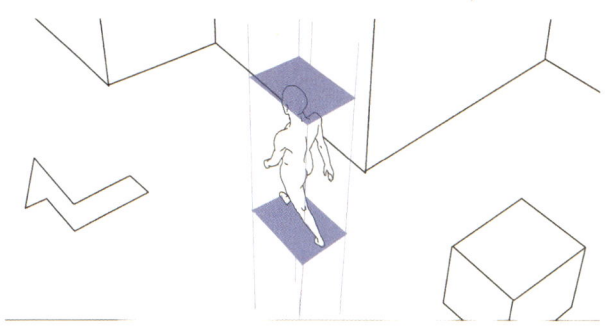

图3-3 空间高度对人体感受的影响

图3-4 商业空间中预留的最窄走道

图3-5 能轻松获取商品的货台

图3-6 无法获取商品的货架

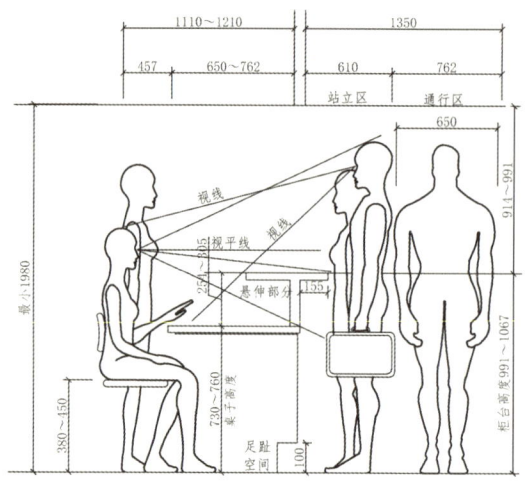

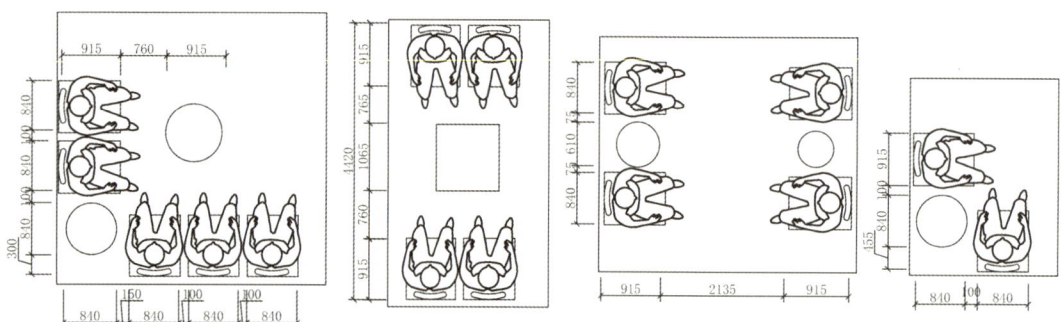

图3-7 接待空间等候区的平面尺度

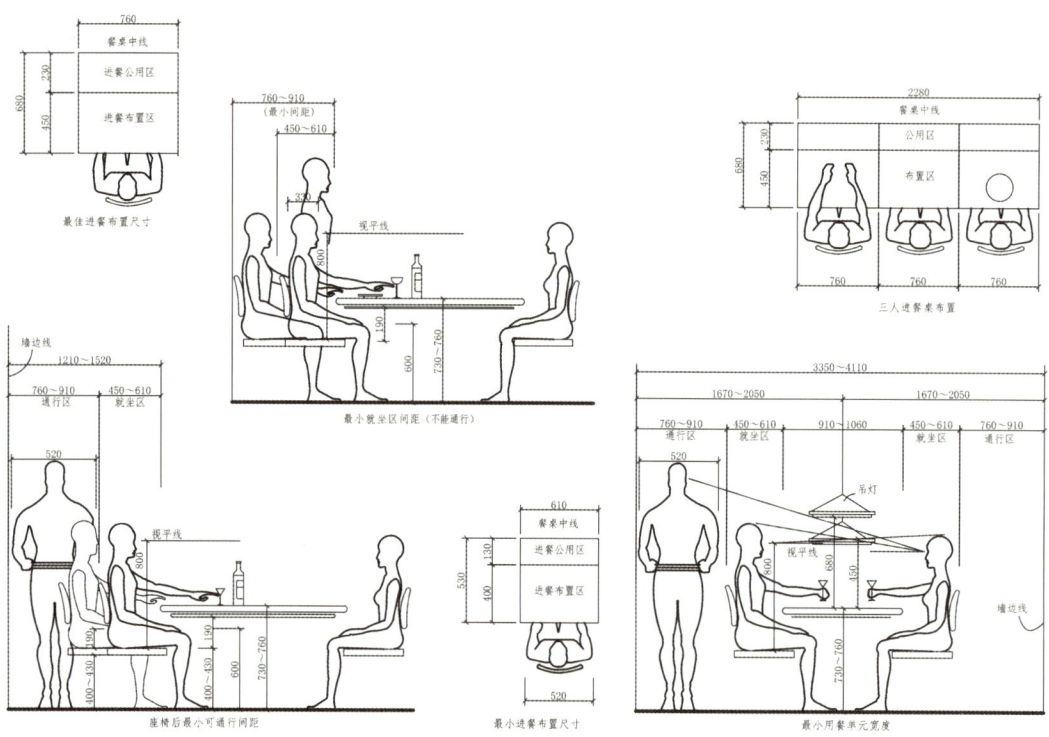

图3-8 餐饮空间尺度解析图

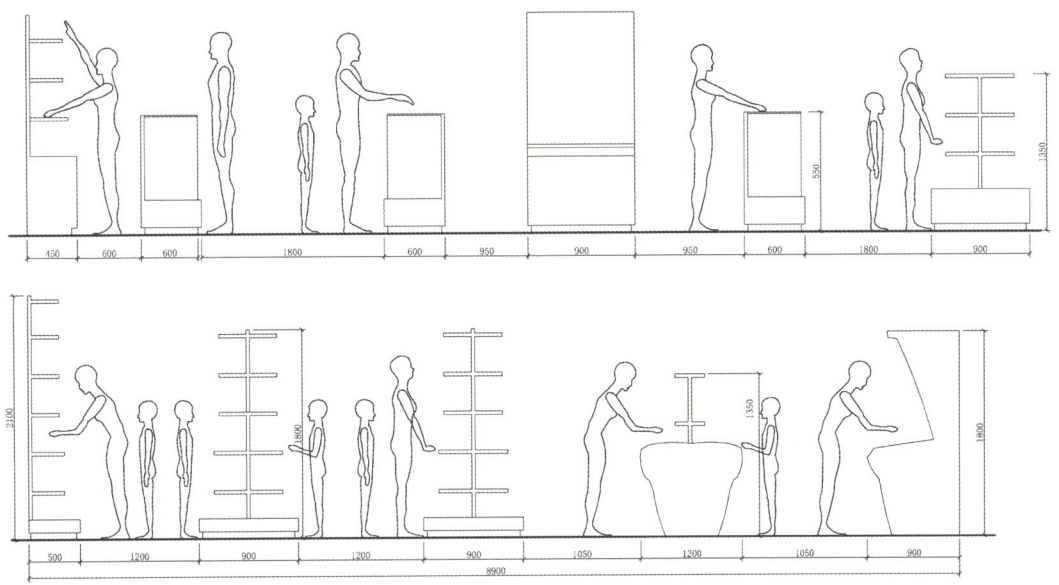

图3-9 商场购物空间尺度解析图

5）吧台、服务台内工作人员的走动、存取物品、记账等活动空间的尺度等。

2. 娱乐空间中的酒吧空间

吧台等娱乐空间各功能空间的设计应注意以下几点：

1）吧台的高度与吧凳的高度；
2）吧位坐姿与桌面高度；
3）通行区域的宽度；
4）吧台灯光高低尺度；

5）吧凳高度与搁脚架的尺度关系等。

3. 商场购物空间

商场购物空间有关功能尺度的设计（图3-9）应注意以下几点：

1）陈列货架的高度与人的立姿视阈的关系；
2）商场陈列柜架与通道空间的尺度关系；
3）各类货品如服装的销售柜架长、宽、高以及内部尺度；
4）货柜下部存放空间与人动作的尺度关系等。

第二节 商业空间标识与导向系统设计

一、标识及导向系统的意义

商业空间设计中，每个空间根据行业区分均有不同的视觉定位，并以整体形象面对消费者，形成统一的视觉形象。那么就涉及CI方面的相关内容。CI作为企业形象一体化的设计系统，是一种建立和传达企业形象的完整和理想的方法。企业可通过CI设计对其办公系统、生产系统、管理系统以及经营、包装、广告等系统形成规范化设计和规范化管理，由此来调动企业中每个职员的积极性。通过一体化的符号形式来划分企业的责任和义务，使企业经营在各职能部门中有效地运行，建立起企业与众不同的个性形象，使企业产品和其他同类产品区别开来，在同行中脱颖而出，迅速有效地帮助企业创造出品牌效应，占据市场。

CI系统由理念识别（Mind Identity，MI）、行为识别（Behavior Identity，BI）和视觉识别（Visual Identity，VI）三方面构成。

1. MI

理念识别，称之为CI的"想法"，它是企业的"心"，是战略决策面。

2. BI

行为识别，称之为CI的"做法"，它是企业的"手"，是战略执行面。

3. VI

视觉识别，称之为CI的"看法"，它是企业的"脸"，是战略展开面。

在CI系统中，我们主要了解及掌握VI视觉识别的相关知识及内容。VI视觉识别系统在企业形象中的传播最为具体和直接，能将企业识别的基本精神、差异性充分地表达出来，快速地得到社会的认知，对建立企业的知名度与塑造企业形象有积极作用。作为VI系统的一部分。标识及导向系统在商业空间识别、导向、指导、提示等方面发挥着重要的作用，是商业空间持续、协调发展的有机组成部分。标识及导向系统具有两种重要的作用：识别、导向、指引作用和提示、告知作用（图3-10）。

图3-11是标识导向牌，起到导向、指引的重要作用；如图3-12、图3-13所示，主体墙面标识与服务台为空间中不可缺少的组成部分；如图3-14所示，图形的特征语言，呈现出品牌的特征和含义。

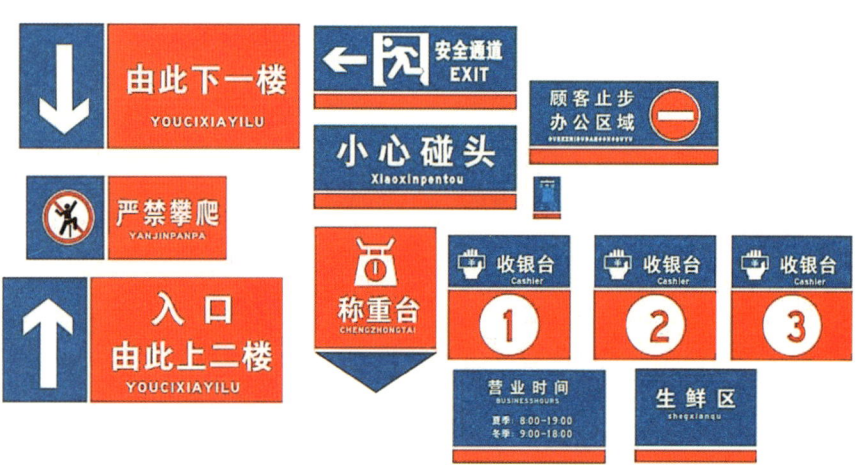

图3-10　VI基础部分导向标识设计

图3-11　标识导向牌

图3-12　展示柜墙面主题标识

图3-13 服务台墙面主题标识

图3-14 图形语言

- 补充要点 -

视觉识别系统

视觉识别系统即VI，全称 Visual Identity，是CI系统中最具传播力和感染力的部分。VI将CI的非可视内容转化为静态的视觉识别符号，以无比丰富的多样的应用形式，在最为广泛的层面上，进行最直接的传播。设计到位、实施科学的视觉识别系统，是传播企业经营理念、建立企业知名度、塑造企业形象的利器。在品牌营销的今天，没有VI对于一个现代企业来说，就意味着它的形象将淹没于商海之中，让人辨别不清；就意味着它是一个缺少灵魂的赚钱机器；就意味着它的产品与服务毫无个性，消费者对它毫无眷恋；就意味着团队的涣散和低落的士气。

VI一般包括基础部分和应用部分两大内容。其中，基础部分一般包括：企业的名称、标志、标识、标准字体、标准色、辅助图形、标准印刷字体、禁用规则等；而应用部分则一般包括：标牌旗帜、办公用品、公关用品、环境设计、办公服装、专用车辆等。

二、标识及导向系统的应用形式

1. 标识的应用形式

企业标志设计不仅仅是一个图案设计，而是要创造出一个具有商业价值的符号，要兼有艺术欣赏价值。标志图案是形象化的艺术概括。设计师须以自己的审美方式，用生动具体的感性形象去描述、表现标志图案，促使标志主题思想深化，从而达到准确传递企业信息的目的。在商业空间中标识的应用极其广泛。

如图3-15所示，标识重复出现，以加深消费者对品牌的认知度，使品牌得以快速推广，背景墙面标

图3-15 背景墙面标识

识的应用是最广泛的应用形式，突出主体，醒目且直接。如图3-16所示，整体形象的传达，使空间及品牌自身呈现统一的识别特征。如图3-17、图3-18所示，门头设计为整体设计中的重点，标识的应用形式以不同的表现手段加以诠释。如图3-19所示，灯箱也是商业空间中不可缺少的一部分，其形式设计也尤为重要。

2. 导向系统的应用形式

导向系统是结合环境与人之间的关系的信息界面系统。很多情况下，它体现为标识的个体造型，导视系统现在已经被广泛应用在现代商业场所、公共设施、城市交通、社区等公共空间中，导视系统不再是孤立的单体设计或简单的标牌，而是整合品牌形象、建筑景观、交通节点、信息功能甚至媒体界面的系统化设计。

如图3-20所示，指示标牌不仅能起到指引、指示的作用，同时还传达着某种信息，使观者得以认知。如图3-21所示，导视系统的信息界面范围较广，不但起到指示、指引作用，同时还起到展示、告知的作用。如图3-22所示，直观的指示，一目了然。如图3-23所示，具象且真实的彩色地图是导视系统最广泛使用的传达形式。

图3-16 品牌标识的重复出现

图3-17 室内店面门头标识设计

图3-18 室外店面门头标识设计

图3-19 灯箱设计

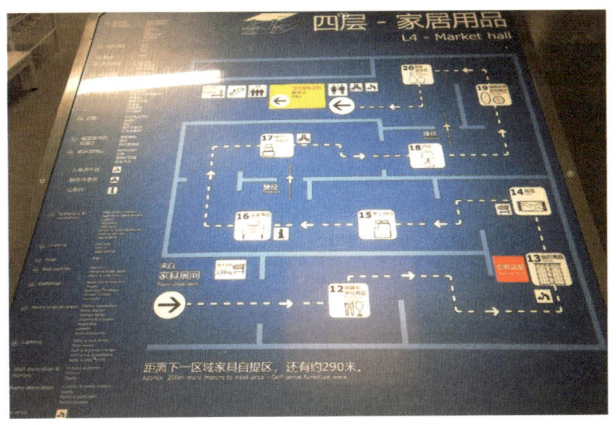
图3-20 指示标牌

图3-21 导视系统的信息界面

图3-22 直观指示牌

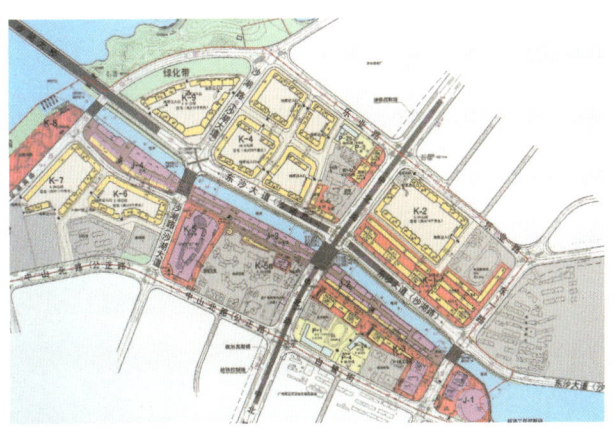
图3-23 彩色地图

课后练习

1. 人体工程学在商业空间设计中能起到什么样的作用与影响？
2. 各商业空间中，人体工程学设计有哪些注意要点？
3. 商业空间中，标识与导向系统的应用形式有哪些？
4. 举出生活中商业空间标识与导向系统设计的应用实例，并收集相关图片进行分析。

第四章
商业空间类型与设计方法

学习难度：★★★★★
核心概念： 购物空间、酒店空间、餐饮空间、娱乐空间、休闲空间

PPT课件，请在计算机里阅读

> **章节导读**
>
> 现代商业空间的设计手法各种各样,形式也不定向化,动态设计是现代设计中倍受青睐的形式,它有别于陈旧的静态设计,采用活动式、操作式、互动式等,观众不但可以触摸商品,操作商品,制作标本和模型,更重要的是可以与商品互动,让观众更加直接地了解商品的功能和特点,由静态陈列到动态展示,能调动消费者的积极参与意识,使商业活动更丰富多彩,取得好的效果。

第一节 购物空间设计

一、购物空间的概念

购物空间是商业类空间的一部分,购物空间泛指为人们日常购物活动提供的各种空间、场所。其中最具代表性的为各类商场、商店,它们是商品生产者和消费者之间的桥梁和纽带(图4-1、图4-2)。在我国,商品生产企业的产品,大部分是通过各种各样的商场流入顾客手中。同时商场也起到了了解消费需求,归纳商品评价,预测市场动向,协调产销关系的作用,使得商品"价廉物美",使得购物行为"方便愉快"。

买卖双方,即消费者和商品经营者,构成了商业空间购物环境中的主体要素,缺少一方就没有商业活动(图4-3)。购物环境为买卖双方围绕商品提供交易的空间,这个空间,随着商品的发展、地理位置的不同、时间的变化以及交易形式的不同也在不断地变化,以适应双方的要求。

购物空间首先是商家为追求商业利润直接为消费者建造和美化的。反映在建筑层面是注意选址、规划和布局、空间的组合设计,外观与形象的设计。在环境设计层面上是对消费主体的分析、定位及相应程度的空间美化,从建筑的特点出发,结合商场的类型和商品特点及环境因素,创造出使消费者流连忘返的,满足精神需求的特色空间。从设备设置层面而言,则

图4-1 购物商场

图4-2 服装店

图4-3 买卖双方

图4-4 购物空间环境营造

图4-5 购物中心外景

图4-6 购物中心内景

图4-7 超级市场外景

图4-8 中型自选商场内景

必须提供清新的空气，适宜的温湿度，足够的光照度，满足安全舒适的要求（图4-4）。

二、购物空间的分类

1. 购物中心

特点：功能齐全，集购物、餐饮、娱乐、休闲于一体（图4-5、图4-6）。

2. 超级市场

特点：商品种类多，分类合理、方便。便于人们日常生活消费（图4-7）。

3. 中小型自选商场

特点：小规模经营，灵活方便，并可渗入各类生活空间中（图4-8）。

图4-9 商业街

图4-10 专卖店

图4-11 流线设计

图4-12 商场低层店面入口

4. 商业街

特点：休闲购物娱乐为一体。注重入口空间、街道空间、店中店、游戏空间、展示空间、附属空间与设施设计（图4-9）。

5. 专卖店

特点：定位明确，针对性强，风格具有个性。有家用电器、妇女时装、金银首饰、品牌专卖等（图4-10）。

三、购物空间的设计原则

1. 商业店面的入口设计

商业店面入口设计的好坏直接影响消费者购物的情绪。商业店面入口通常可以通过橱窗、灯箱、招牌、灯光、装饰物及新颖、奇特的造型等方面的创新设计，来吸引更多的人进入店面并对内部陈设的商品产生兴趣和欲望。

商业店面的入口的位置是人流汇聚的中心，其内空间应尽量开敞，并留有足够的缓冲空间，以保证顾客进入方便和疏散顺利。流线设计（图4-11）应结合商业店面空间的整体布局来设置，避免出现顾客不光临的"死角"，具有引导性的动态流线设计非常重要。

商业店面入口设计（图4-12、图4-13）要点在于：

1）用吊顶造型与地面的流线相呼应来增强人流导向；

2）用货架陈列、展示柜等的划分来引导顾客走向；

3）通过天花、墙面、地面三界面的造型、色彩、材质、灯光、配饰等要素的多样化构成手法来诱导消费者的视线，从而激发他们的购买欲望。

2. 商业商场的销售区

（1）商业卖场销售形式 商业卖场的销售形式主要有开架式、闭架式两种。开架式是指不需要通过营业员服务，而让顾客随意近距离挑选货柜、展台、展架上的商品的开架经营方式；反之则是闭架式。开架式是销售的主流形式，体现了商品经济时代高效、个性化的特点，适用于家用电器、服装服饰、家具家居用品、日常生活用品、食品等（图4-14）。闭架式多适用于化妆品、金银首饰、珠宝、手表、手机、照相机等小件贵重物品的销售形式（图4-15）。

（2）商业卖场家具设计　商业卖场的家具主要指陈设商品用的展架、展柜、展台等。展架、展柜、展台是商业空间的主角，它们的造型、风格、色彩、材质设计的好坏直接影响着整个空间的审美效果。其实用功能是第一位的；其次是形式的美感；另外，还要考虑其灵活性、多样性（图4-16、图4-17）。

3. 商业卖场家具布置

（1）直线型　直线型是指按照营业厅的梁柱的结构，把每节柜台整齐地按横平竖直的方式有规律地摆放，形成一组单元的柜台布置形式。其优点是摆放整齐，方向感强，容量大；缺点是较呆板，变化少，灵活性小（图4-18、图4-19）。

图4-13　商场中层店面入口

图4-14　开架式销售形式

图4-15　闭架式销售形式

图4-16　化妆品陈列家具

图4-17　工艺品陈列家具

图4-18　橱窗直线型布置

图4-19　货架直线型布置

图4-20　运动品牌商店斜线型布置

图4-21　休闲品牌商店斜线型布置

图4-22　首饰商店弧线型布置

（2）斜线型　斜线型是指商品陈列柜架与建筑梁柱或主要流线通道布置成一个有角度的柜台形式。其优点是活泼，有一定的韵律感；缺点是容量相对较小，异型空间较多。一般适用于运动、休闲品牌商店，或因地制宜安排店面空间的商店（图4-20、图4-21）。

（3）弧线型　弧线型是指把展柜、展架、展台设计成弧形、曲线形的摆放式样和造型的陈列方式。其优点是活泼、动感强，缺点是占用空间较大。一般适用于柔和感较强的首饰、化妆品或女性用品商店（图4-22、图4-23）。

在实际运用中，以上三种陈列样式互相穿插布置，才会创造出灵活多变、活泼创新的空间形式。不同的商品采用不同的陈列方式。总之，只有把握商品陈列摆放有序、主次分明、视觉效果好、便于顾客参观选购的原则，才能设计出好的空间布局。

4. 商业卖场界面设计

商业卖场的主要界面是墙面、天花、地面。

（1）墙面　商业卖场除中厅、柱子采用石材、塑铝板等耐用并符合消防要求的装饰材料外，大多数

图4-23　化妆品商店弧线型布置

墙面基本上被展柜、货架、展架所遮挡，通常只是刷乳胶漆或做喷涂处理。但卖场区域展示柜的上方、"屋中屋"外立面和专卖场主背景墙面，往往是设计的重点，它对整个设计风格的突现，能起到很好的展示作用，应做重点设计（图4-24、图4-25）。

（2）天花　商业卖场中吊顶材料多使用轻钢龙骨纸面石膏板，还有轻钢T龙骨硅钙板、矿棉板、铝扣板等消防性能较好的防火材料。商业卖场天花的设计应以简洁为好，与地面总体的格局应呼应处理，还要考虑其造型的设计不与空调风口及消防喷淋相冲突（图4-26、图4-27、图4-28）。

（3）地面　商业卖场的地面设计应首先考虑防滑、耐磨和易清洁。常用的材料有防滑地砖、大理石、PVC地板等耐磨材料，根据设计需要，马赛克、钢化玻璃、鹅卵石等也是经常用作地面局部装饰点缀的材料。在商场的有些高档的商品专卖区或独立经营的专卖店，有时也会用木地板或地毯进行地面铺

图4-24　石材墙面

图4-25　板材墙面

图4-26　卖场门厅吊顶

图4-27　卖场中庭吊顶

图4-28　卖场走道吊顶

装，以提升商业卖场的档次（图4-29、图4-30）。

5. 商业卖场的光环境设计

（1）商业卖场的一般照明设计　商业卖场的一般照明设计（图4-31、图4-32）应注意把握照明器的匀布性和照明的均匀性，特别注意照明的显色性。灯具尽量选用避免眩光的格片或暗藏式灯具，可以根据光照来划分不同的售货区。

（2）商业卖场的重点照明设计　商业卖场的重点照明设计（图4-33、图4-34）应注意重点照明区域的照度要大于其他区域，如展柜、展架局部商品的重点照明，应比人行通道的照明要高。一般情况下，重点照明与一般照明的照度之比为5：3。考虑商品质感、立体感的表现，特别要考虑照明的显色性。注重灯具、光源的选择，避免眩光的产生。

（3）商业卖场的装饰照明设计　商业卖场的装饰照明设计只以装饰为主要目的，不承担基础照明和重点照明的任务（图4-35、图4-36），可以选用有装饰效果的灯具进行装饰照明，也可以设计有装饰效果的光源进行装饰照明。

图4-29　开放式卖场地面

图4-30　室内专卖店地面

图4-31　店面外部照明

图4-32　店面内部照明

图4-33　基础照明

图4-34　重点照明

图4-35　灯带装饰照明

图4-36　吊灯装饰照明

第二节　酒店空间设计

一、酒店空间设计的分类

酒店业发展至今，真可谓名目繁多、应有尽有。由于历史的演变、传统的沿袭、地理位置与气候条件的差异，酒店用途、功能、设施的不同，世界各地的酒店五花八门，千奇百怪，说不尽，数不完，实难分类。不过为了比较、研究及更好地经营管理等目的，人们对酒店也有一些大致的分类方法，有的是世界各国比较通用的分类法，而有的则仅限于某国家、某地区采用的分类法，下面介绍两种具体的分类方法。

1. 按照传统分类法

（1）商业酒店　是为那些从事企业活动的商业旅游者提供住宿、膳食和商业活动及有关设施的酒店。商业酒店都位于城市中心，商客居住的时间大都在星期一至星期五。这是从事商业活动的时间，也就是商业旅游者从事商业贸易的场所。在周末，也就是在星期六和星期日是商业性游客的假日，因此很少来酒店居住或办公。商业酒店的最大特点就是回头客较多，因此，酒店的服务项目、服务质量和服务水准要高，要为商业旅游者创造方便条件，酒店的设施要舒适、方便、安全。商业酒店在服务方面，应培养一批服务技能高超、外语流利，礼节、礼貌及服务态度热情、周到的服务员，以便向商业性旅游者提供快速地客房用餐和服务周到的大型宴会。商业酒店旅游者居住的时间一般是一至两天（不过夜不算住宿），在这里居住的商业旅游者一般都是受过高等教育、有着国际交际礼节和丰富企业管理经验的上层人物和企业家。因此，酒店服务员的服务态度、语言交际要表现出高度的礼节礼貌；服务技术要高超，服务程序要熟练、准确，否则将影响商业旅游者的商业活动、贸易洽谈、同时也损伤了酒店的声誉。

世界国际酒店集团所属的酒店，绝大多数是商业酒店，他们根据旅游市场的需求比例，建造各种类型的酒店，如纽约希尔顿酒店，芝加哥凯悦酒店（图4-37），华盛顿马里奥特酒店，日本东京帝国酒店（图4-38）等都是典型的商业酒店。

（2）长住酒店　主要为一般度假旅客提供公寓生活，它被称之为公寓生活中心。长住酒店主要是接待常住客人，这类酒店要求常住客人先和酒店签订一项协议书或合同，写明居住的时间和服务项目。长住酒店已被我国有些酒店视为"保底收入的一种有效做法。"目前，我国还没有那么纯粹的长住酒店，只是

图4-37 芝加哥凯悦酒店

图4-38 日本帝国酒店

部分居住了形式上为半年甚至一年以上的长住客人。我国有些酒店将其客房的一部分租给商社或公司，作为他们的办公地点、商业活动中心，形式为长住酒店。这些酒店都是向长住商客提供正常的酒店服务项目，包括客房服务、饮食服务、健身和康乐中心等项服务。长住酒店一般收费较高，其原因是长住不是像一般酒店那样在酒店就餐、购买纪念品及在公共服务项目上花费，因此这些应该得到而失去的营业额都加到客房服务的账目里；同时长住商客要求一些额外的客房设施，这也是增加费用的一个原因。另外长住酒店也要提供比较现代化的电源设备、电传、电话，特别是海外直拨电话、传译，同时也是提供交通方便、安静的住所。

（3）度假酒店　主要位于海滨、山城景色区或温泉附近。它要离开嘈杂的城市繁华中心和大都市，但是交通要方便。度假性酒店除了提供一般酒店所应有的一切服务项目以外，最突出、最重要的项目便是它的康乐中心，因为它主要是为度假旅客提供娱乐和度假场所，如为那些度蜜月的新婚夫妇提供各种酒店服务。因为度假旅客在自己的游玩当中，还要进行社交活动，所以度假性酒店的文艺演出设施要完善，像室内保龄球、台球、网球、室内外游泳池、音乐酒吧、咖啡厅、迪斯科舞厅、水上游艇、碰碰船、水上漂、电子游戏以及美容中心和礼品商场都是不可缺少的。以此，"付费点播"电视也是十分重要的。度假酒店不仅要提供舒适、怡人的房间，令人眷恋的娱乐活动和康乐设施，同时还要提供热情而快速敏捷的服务。还有一点需要指明的是，度假性酒店一般设在自然环境优美、诱人、气候好的热带地区，四季皆宜，树木常青，酒店要位于海滨。

我国部分沿海城市有度假酒店。如北戴河、青岛、大连等地的酒店属于这一类型，但不是热带气候，只是季节性的度假酒店。另外其设施、服务已是非常典型的度假性酒店，设施和服务已居国际水平，如深圳的西丽湖度假村（图4-39）、香蜜湖度假村酒店，珠海的游乐中心以及长江宾馆等，吸引了大批的港澳同胞、商客、日本游客前去度假和欢度周末。我国的海南被誉为中国的夏威夷、中国的加勒比海，那里是我国度假性酒店的集中地，也是日本游客、港澳同胞最理想的度假场所。

（4）会议酒店　是专门为各种从事商业贸易展览会、科学讲座会的商客提供住宿、膳食和展览厅、会议厅的一种特殊型酒店。会议酒店的设施不仅要舒适、方便，有怡人的客房和提供美味的各类餐厅，同

图4-39 度假酒店

时要有大小规格不等的会议室、谈判间、演讲厅、展览厅等，并且在这些会议室、谈判间里都有良好的隔板装置和隔音设备。

2. 按照星级标准分类

在国际上按照酒店的建筑设备、酒店规模、服务质量、管理水平，逐渐形成了比较统一的等级标准。通行的旅游酒店的等级共分五等，即一星、二星、三星、四星、五星酒店（表4-1）。

表4-1　星级酒店分类

星级	设施项目
★	有适应所在地气候的采暖、制冷设备；16小时供应热水；至少有15间（套）可供出租的客房；客房、卫生间每天要全面整理1次，隔日或应客人要求更换床单、被单及枕套，并做到每客必换；能够用英语提供服务
★★	在上述基础上（下同）还需要有叫醒服务；18小时供应热水；至少有20间（套）可供出租的客房；有可拨通或使用预付费电信卡拨打国际、国内长途的电话；有彩色电视机；每日或应客人要求更换床单、被单及枕套；提供洗衣服务；应客人要求提供送餐服务；4层(含4层)以上的楼房有客用电梯
★★★	需设专职行李员，有专用行李车，18小时为客人提供行李服务；有小件行李存放处；提供信用卡结算服务；至少有30间（套）可供出租的客房；电视频道不少于16个；24小时提供热水、饮用水，免费提供茶叶或咖啡，70%客房有小冰箱；提供留言和叫醒服务；提供衣装湿洗、干洗和熨烫服务；提供擦鞋服务；服务人员有专门的更衣室、公共卫生间、浴室、餐厅、宿舍等设施
★★★★	需设专职行李员，有专用行李车，18小时为客人提供行李服务；有小件行李存放处；提供信用卡结算服务；至少有30间（套）可供出租的客房；电视频道不少于16个；24小时提供热水、饮用水，免费提供茶叶或咖啡，70%客房有小冰箱；提供留言和叫醒服务；提供衣装湿洗、干洗和熨烫服务；提供擦鞋服务；服务人员有专门的更衣室、公共卫生间、浴室、餐厅、宿舍等设施
★★★★★	除内部装修豪华外，要求70%客房面积（不含卫生间和走廊）不小于20m²；至少有40间（套）可供出租的客房；室内满铺高级地毯，或用优质木地板或其他高档材料装饰；每个客房配备微型保险柜；有紧急救助室

根据我国颁布的《旅游酒店星级管理办法规定》，根据硬件设备设施条件，最高划分为五星级，而现代酒店的评定仍用1998年的评定标准，但现在许多大酒店因后期设计的更新，其硬件设施已完全用以前的评定方法来界定，比五星的标准还要高，如规定五星级酒店门锁要用IC门锁，而现在许多新型酒店已用指纹、声音来识别。六星级酒店即是行业类认识认为超过五星级酒店之上的。而七星级酒店，即行业类人士认为即使评六星都还不能够形容其服务、硬件之完善，如迪拜的Burj Al-Arab酒店就是大家公认的七星级酒店，其消费水准、豪华程度无与伦比（图4-40、图4-41）。

图4-40　迪拜的Burj Al-Arab酒店外景

图4-41　迪拜的Burj Al-Arab酒店客房环境

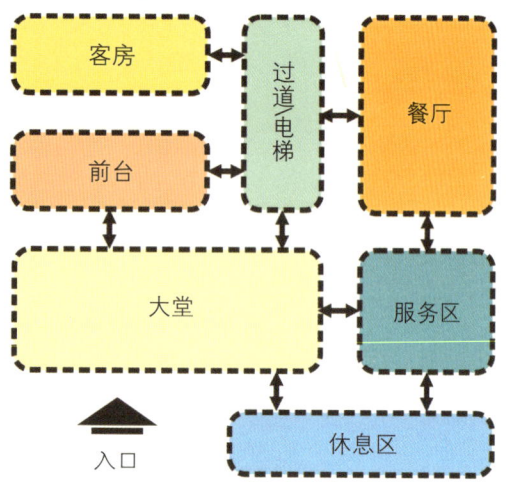

图4-42 酒店空间布置图

二、酒店空间设计的原则

1. 合理的功能布局

合理的功能布局是酒店设计方案的核心内容。合理的功能布局不仅指酒店整体功能的布局要合理，还包括大堂、客房等单体功能空间的合理布局。国家颁布的《旅游涉外饭店星级的划分及评分》从一星级到五星级酒店，第一条规定都是"布局合理"，足见酒店合理功能布局的重要性（图4-42）。

2. 独特的设计风格

每个酒店都应有自己的独特风格，以适应它所在的国家、城市或地区的人们的需要。独特风格不仅要表现在酒店是商务型、观光型、休闲度假型或会议型等不同类型的市场定位上，还应体现在装修设计风格上。一般来说，度假酒店的整体风格应给人以轻松、亮丽、休闲的感觉；商务酒店、会议型酒店的风格形式更应突出其功能性，给人以简约、明快之感（图4-43、图4-44）。

3. 塑造文化特色

由于消费需求上的精神文化色彩越来越浓厚，因此，在进行酒店空间设计时，应注重酒店文化品味塑造，可以通过不用的空间造型、色彩、材质、灯具、家具、陈设等来表现酒店的文化特色，体现出高尚的情趣和动人的美感。

4. 注重不同星级装修设计档次的划分

设计师在进行酒店空间设计时，应根据酒店不同的星级标准在设计定位上有所区别，星级越高，装修越高档，如选用豪华材料，工艺更精致，风格更突出，设施更完善等，能与酒店本身星级定位相匹配（图4-45、图4-46）。

5. 人性化的设计理念

绿色、环保、节能、人性化的设计理念应自始至终渗透在酒店设计的方方面面。

三、大堂空间设计

大堂是星级酒店的中心，是顾客对酒店第一印象的窗口，主要由入口大门区、总服务台、休息区、交通枢纽四部分组成。设施主要有总服务台、大堂经理办公室、休息沙发座、钢琴、酒店业务广告宣传架、报刊架、卫生设施等。

1. 总服务台

总服务台是大堂活动的焦点，是酒店业务活动的

图4-43 商务型酒店大堂设计

图4-44 商务型酒店客房设计

图4-45 三星级酒店

图4-46 五星级酒店

图4-47 酒店大堂

图4-48 酒店总服务台

枢纽，应设在进大堂一眼就能看到的地方。总服务台是联系宾馆和酒店的综合性服务机构，主要办理客人订房、入住和离店手续服务，财务结算和兑换外币服务，行李接送服务，问询和留言服务，接待对外租赁业务（如承办展览、会议等），贵重物品保管和行李寄存服务，以及客人需求的其他服务（图4-47、图4-48）。

总服务台的长度与酒店的类型、规模、客源市场有关，一般为8~12m，大型酒店可以达到16m。在设计要点上，总服务台设计时应考虑在两端留活动出入口，便于前台人员随时为客人提供个性化的服务。

2. 总台办公室、贵重物品保险室

总台办公室一般设在总服务台后面和侧面。贵重物品保险室也应与总服务台相邻，主要负责客人的贵重物品保管，客人和工作人员分走两个入口。

3. 大堂经理办公室

大堂经理的主要职责是处理前厅的各种业务，其办公室应设在可以看到大门、总服务台和客用电梯厅的地方。

4. 商场、购物中心

一般酒店的商场主要出售旅行日常用品、旅游纪念品、当地特产、工艺品等商品，四星级、五星级的酒店为了提升自己的品位和档次，专门经营高档品牌服饰、箱包、鞋帽或其他高档商品，以满足客人需求。

5. 商务中心

商务中心主要为客人提供传真、复印、打字、国际直通电话等商务服务，有的酒店还增设有订飞机票、火车票的功能。商务中心一般应配置电脑、打印机、复印机、沙发等服务设施（图4-49）。

图4-49 酒店商务中心

图4-50 大堂休息区

（a）

（b）

图4-51 酒店休息区设计

6. 休息区

大堂休息区的位置最好设在总服务台附近，并能向大堂或者其他经营点延伸，既方便客人等候，也能起到引导客人消费的作用（图4-50）。除此以外，其设计还应考虑以下三点。

1）有满足休息时间长短、性质不同要求的三大系统（休息、卫生、购买）设施［图4-51（a）］。

2）能够排除对休息有干扰的因素。如在休息区的划分上，避免人流的穿越；在隔音的处理上，排除噪声的干扰；在休息设施的排列组织上，避免休息者彼此间的影响。

3）在装修、色彩、照明等方面，力争创造一个平静、安宁、亲切、融洽、舒适、愉快的环境气氛［图4-51（b）］。

总之，要调动一切因素，创造一个便于休息、社交的空间环境，极大限度地满足人们的精神需求。

7. 行李间

行李间主要用来存放退出客房、准备离去但尚未办好手续的旅客们的行李。行李间一般以每间客房$0.05\sim0.06m^2$的面积来设定，观光型酒店旅行团行李较集中，行李间面积可适当大些。

8. 公共卫生间

公共卫生间应设在大堂附近，既要隐蔽又要便于识别找寻。卫生间的面积、厕所小间尺寸、洁具布置等设计应符合人体工程学原理。洗手台盆和男厕小便斗定位的标准为：中距尺寸以700mm为宜，厕所小间的标准尺寸为1200mm×900mm，卫生间的门即使开着也不能直视厕位。

四、客房空间设计

客房是宾馆、酒店提供住宿和休息的主要设施，是宾馆、酒店的主体部分，也是旅游者旅途中的"家"。无论从客人的角度还是从酒店方的角度来说，客房都是最重要的地方，具有系统性、功能性、标准性和艺术性的特点。其设计的好坏，会直接影响到酒店收益的主要来源。宾馆客房应该有吸引人且像家庭一样的气氛，以保证每位宾客在逗留期间都能感觉到亲切、舒适。酒店、宾馆的客房房型一般分普通标准间、商务套间、高级标准间和高级套间。五星级的酒店为了提升档次，还设有总统套房。不同规模和不同档次的酒店、宾馆的房型，根据实际需求和经营效率而不同。

1. 功能与设计要求

客房具有睡眠、起居、阅读、书写、储蓄、沐浴等功能。客房空间的划分在不同的房型中存在着不同的布局方式。标准间按功能一般分通道、卫生间、桌、床位、休闲座椅5个区域，客房走道宽度一般约为5~8m，其中家具占客房面积的18%~20%；相对高级的房型，各区域所占室内面积相对较小。为了满足不同客人的需要，很多酒店还设有5%~8%左右的连通房，即两个普通标准间之间设有可以相通的门，并根据客人的需要，可单独作为两个标准间使用，也可作为套间经营，这种房间使用率较高（图4-52）。为了满足商务客人的需求，很多星级酒店设有商务套间（图4-53）。商务套间布局的主要特点是会客间兼工作间，除住宿外，还能满足客人办公的需要。

高级客房在家具尺度、人流通道、装饰用材和功能设施等方面的要求都高于普通客房。以床为例，普通客房的床位尺寸一般是1.2m×2m、1.5m×2m的规格，而高级套房的床位尺寸一般为1.8m×2m、2m×2m等规格。以洁具为例，普通客房只有一般浴缸或淋浴房，而高级套房则有冲浪按摩浴缸或带有按摩功能的淋浴房（图4-54）。豪华套房在一般套间设施的基础上，有的另加设有餐厅、厨房、会客厅、小酒吧台、书房兼工作间，以及随从客房等（图4-55）。

很多五星级以上的酒店为了体现档次，设置有总统套房。总统套房在平面布局、功能设施和装饰造价上都是各客房档次的顶尖级，设施造价约500万~2000万元不等。总统套房的基本房型分布有起居室（分主卧室、随从室），并兼设有多种形式的卫生间。家具、地毯、灯具、灯饰和置景造型均为能工巧匠精雕细刻的高档工艺的精品，其豪华或古朴堪称"极品"。超大型的总统套房的功能设施更是应有尽有。

图4-52 酒店连通房

图4-53 酒店商务套间卧室

图4-54 高级套房

图4-55 豪华套房

2. 客房家具设计

家具选材与造型是酒店、宾馆客房功能设计的最基本内容。按通常标准，家具尺度一般大同小异，但取材造型的样式则种类繁多。设计的基本标准首先取决于客房面积和投资造价，其次是家居风格与整体空间的装饰协调。因受面积的限制，客房家具尺寸略小于居家和办公家具，并由此而形成了一定的功能特征。标准客房的家具一般有梳妆台（兼写字台）、电视柜、床头柜、行李柜、酒柜、高背椅、圈椅（沙发）、茶几等（图4-56、图4-57）。在设计要点上，客厅家具取材和漆色宜与门套、门扇及各种木线配置协调，并把握客房整体装饰风格的统一。

3. 卫生间设计

俗话说"宾馆看大堂，客房看卫生间。"卫生间的设计和设备的选配是客房档次的标准，其界面饰材和洁具规格，尤其是洗面台的造型和整体色彩的配置是设计的重点（图4-58、图4-59）。

卫生间设施配置一般有面盆、坐便器、淋浴房（或浴缸）三种，或面盆、坐便器、妇洁器、淋浴房（或浴缸）四种，高档一点的还配置有按摩冲浪式浴缸、桑拿房等。其他设施还有淋浴喷头、梳妆台、防雾镜、卫生纸盒、存物架、毛巾架、化妆镜、吹风机、晾衣绳等。在设计要点上，卫生间的设计要求安全、防潮、防滑、易清洁，其地面应低于客房地面20mm。

图4-56 客房组合床家具

图4-57 客房定制家具

图4-58 带浴缸卫生间设计

图4-59 带淋浴间卫生间设计

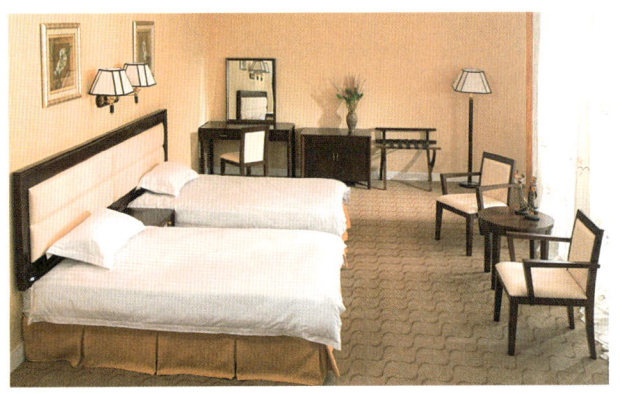

图4-60　棕褐色客房装饰配色

图4-61　棕红色客房装饰配色

图4-62　客房个性化设计

图4-63　客房创新型设计

4. 客房装饰用材与用色

客房作为休息场所，材质选择与色彩色调的处理是以营造宁静、温馨、舒适的个体空间环境为宗旨，材料的选用、颜色的搭配、家具的配置都要以客人感到舒适、温馨和方便，安全为准。客房装饰的主要材料有墙纸或乳胶漆、地毯、床罩、窗帘及门扇门套、踢脚线、阴角线、窗套台板等，把握好恰当的对比和协调关系是客房选材与配色的设计基准（图4-60、图4-61）。在设计要点上，主要是客厅装饰木质材料应与家具协调一致，墙纸以明亮色为宜，窗帘、地毯和床罩的花色纹饰及图案应协调一致，客房走道应尽量选用耐脏、耐用的地毯或防水、耐脏的石材。

5. 客厅的个性化和创新型设计

客房的个性化设计与装修、装饰会对客人产生深远的影响，也是客人选择再次入住的重要因素。国内的很多酒店从建筑构造上都惯用一套固定的标准客房型模式，设计含量很低。因此，如何在满足功能需求之外进行客房的创新设计，是设计师所追求的目标。

住酒店的客人如果发现房间内的装饰形式、颜色、陈设品、家具等都是未曾见过的、新奇的、高雅的，他们就会感到一种极大的满足和愉悦（图4-62、图4-63）。在设计要点上，把同类型的客房装饰成不同的样式，也是个性化设计的体现，这样能使客人有常新的感觉。

五、中庭空间设计

很多酒店都有中庭空间（或叫内庭空间、共享空间），中庭空间多以室外绿化景色（景观）为主题，把室外景色引入室内，展示生态、绿色。咖啡厅等常与中庭连为一体，并用绿色植物和其他陈设来划分空间。

1. 中庭的特点

现代建筑吸取中国传统内庭的优点，并根据现代生活的需要而予以发展，形成了现代的中庭空间，也称为中庭共享空间。中庭共享空间是综合了多种空间

图4-64　酒店复合体中庭设计

图4-65　酒店不定中庭设计

图4-66　酒店流通中庭设计

形式的巨大复合空间，它的特点表现为以下几点。

（1）运用各种空间形式　不同的空间形式具有不同的性格和气氛，如严整的几何空间形式给人以端庄、平稳、肃穆的气氛；不规则的空间形式给人随意、自然流畅的感觉。在设计中庭空间时，应该运用各种空间形式来影响人、感染人。

（2）大中有小，小中有大　中庭空间应该是大空间和小空间的复合体。该空间常设有休息岛、树石花草，既可使人得到大空间的宏伟，又可以有小空间的亲切、安定感。

（3）水平与垂直空间的复合体　中庭空间周围的层层走道和房间，是水平空间的序列，而自动扶梯、电梯、楼梯又是垂直空间序列。人们在这里可以以静观动，以动观静（图4-64）。

（4）不定空间　因为它将室外和自然景色引入室内，可以说它既是室内，也是室外，非常适合宾馆酒店（图4-65）。

（5）流通空间　因为它与周围的空间互相流通、渗透、穿插和连续，把周围空间联系在一起（图4-66）。

2. 设计要点

（1）要有满足功能需要的设施　一般的休息设施有沙发、茶几、桌子、椅子等；卫生设施有垃圾箱、卫生间等；商品小卖设施有自动售货机、移动店铺或固定小卖处等。

（2）创造出吸引人的空间景观环境　靠有特色的环境变化和不同于日常所见的空间景象创造景观环境，如室内外借造结合，创造景观环境；自然与人工相结合，创造景观环境。

（3）共性与个性，宏伟与亲切相结合　作为社会的人，都有其共性的一面。但同时也要满足个人活动需要的私密感，在中庭中能找到适合于自己的空间环境，以满足个性的需要。因此，在中庭中可布置多种休息空间。这样，中庭这个大空间里又包含着小空间，从而使人感到既宏伟又亲切。

（4）空间与时间的变化，静中有动　完全静止的空间没有生气，而过于动乱的空间又会使人感到烦躁。因此可以巧妙地通过一系列空间来组织人流，使人既成为空间的动态因素，又是感受动态的主体，形成"人看人"的生动空间。

总之，成功的中庭环境设计，能够运用各种处理手段，以巨大的吸引力把人们集合到一处，把本来沉闷的空间变得流畅和活跃，为宾馆酒店的室内环境增添了丰富多彩的乐趣。酒店是一个系统化的设计项目，除了提供住宿、就餐等基本服务外，还有娱乐、健身等其他综合服务项目，在设计时应统筹考虑。

六、酒店空间设计的光环境

酒店的照明设计除了满足功能性的照明外，其艺术性的表现作用对宾馆、酒店的环境氛围的提升具有非常重要的意义（图4-67～图4-70）。

大堂是酒店的核心，照明设计的好坏会直接影响大堂的效果。一般情况下，大堂天花整体照明布光应均匀、明亮，选择照面方式一定要满足总台接待区、休息区、交通空间等不同功能空间的需要，并考虑其局部的照明因素以补充一般照明（整体照明）的不足。但在不破坏整体效果的情况下，适当的灯具眩光和玻璃、不锈钢等材质的反射光的出现可以增添大堂的豪华气氛。

总台是大堂的视觉焦点，在照度设计上应高于大堂的一般照明，一是要便于书写及阅读相关材料；二是要突出其显眼的位置，便于为客人服务。在照明方式的选用上应注意避免眩光的产生。客人等候区的照明应强调气氛和私密性，光线应柔和，可以利用台灯、落地灯进行气氛的渲染和区域的相对划分，并增加光照的层次感。

电梯间的照明也是非常重要的一部分，一是应该考虑足够的照度，二是要考虑光线的层次及灯具的选择。通常会用两种灯具以上的照明方式进行照明。走廊、楼梯间如果没有窗户，一般照明就是全天候的，主要是满足客人行走和应急疏散的视觉需要，照度150lx（照度单位勒克斯。即每单位面积所接受的光通量）就可以了，通常将筒灯、暗藏灯槽、壁灯等照明方式结合使用。

客房照明的功能设置较多，有小走廊照明的顶灯、床头照明的床头灯、写字桌上的台灯、梳妆桌上方的镜前灯、休息桌旁的落地灯、酒柜安装的筒灯（或射灯）、衣柜灯、小走廊处或控制柜安装的夜灯，除此之外，还有卫生间安装的镜前灯、壁灯、防雾灯等。对于各种灯具的选择，首先要注意灯具造型风格

图4-67　酒店大堂照明

图4-68　酒店中庭空间照明

图4-69　酒店休闲空间照明设计

图4-70　酒店客房照明设计

的统一，其次还要考虑与客房整体设计风格的协调。客房各种灯具和开关插座的安装高度及位置应符合星级酒店规范要求，如开关应安装在离地面1.40m的高度，地面插座安装在离地面0.30m的高度。客房走道的灯光既不可太明亮，也不能昏暗，要柔和、没有眩光。可直接安装筒灯照明，也可以考虑采用壁光或墙边光反射照明，还可用顶灯、壁灯结合照明。总之，要为客人营造出一种安静、安全的气氛。

第三节　餐饮空间设计

一、餐厅空间设计概述

餐厅空间是中餐厅、西餐厅、自助餐厅、风味餐厅、宴会厅、咖啡厅、酒吧、茶馆、冷饮店等提供用餐、饮料等服务的餐厅场所的总称。餐厅空间不仅仅是人们享受美味佳肴的场所，还是人际交往和商贸洽谈的地方。就餐环境的好坏直接影响人的消费心理。按用餐对象、目的的不同，顾客选择的餐厅空间也有所区别。总体来说，营造吻合人们消费观念且环境幽雅的餐饮空间环境，是设计首先要考虑的问题（图4-71）。

餐厅按功能划分，通常分为顾客用空间、管理用空间、调理用空间。顾客用空间主要包括散席区、包房区、宴会厅等，以及附带的洗手间、等候区、衣帽间、收银区等，是服务大众、便利其用餐的空间；管理用空间主要包括管理办公室、服务人员休息室、更衣室、员工厕所、各类仓库等；调理用空间主要包括冷菜间、点心室、洗涤区、烹调区、冷冻库、出菜间、配餐间等。

二、餐饮空间的构思与创意

餐饮业是竞争十分激烈的行业，餐饮店必须特色化、个性化，方能站住脚。而要做到这一点，不仅经营内容要有独特风味的美食，餐饮店空间设计本身也必须要有新意，与众不同，环境氛围应舒适雅致，具有浓郁的文化气氛，让人不仅享受到厨艺之精美，还能领略到饮食文化的情趣，吃出品味，吃出风情，方能宾客盈门。因此，餐饮空间设计的构思与创意对餐饮店的成败，具有举足轻重的作用，力求构思巧妙，创意不落俗套，重视精神表现，这是成功之本。在设计要点上，就餐环境直接影响顾客的消费心理，并起到体现服务档次、质量的效果。因此，充分合理地利用空间，营造舒适幽静的环境，吸引顾客，使其进行消费，是设计的出发点和根本目的（图4-72、图4-73）。

1. 设计前的考察调研

构思方案前，需要找到答案的基本问题如下：

1）投资者、开发商、雇主，他们的目的是什么？

2）重要客户、参观者或客人？他们的需要是什么？

3）即将开始的方案的地理方位、社会地位角色是什么？

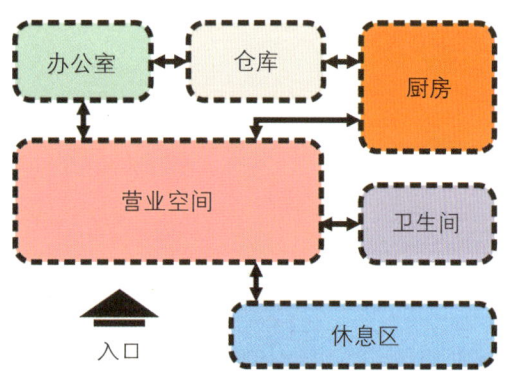

图4-71　餐饮空间布置图

图4-72 新中式风格餐厅

图4-73 现代风格餐厅

图4-74 餐厅主通道

图4-75 餐厅次通道

4）餐馆的食谱与方案设计有怎样的联系？

5）他们想通过设计传达哪种信息？

2. 餐厅空间设计的制约因素

（1）不同类型的餐饮空间，设计风格有很大的差异性 各种不同类型的餐饮空间，有着不同的功能要求、设计定位、主题选择等，设计风格不可以千篇一律，要有灵活变化。

（2）投资经费的多少，直接影响档次的定位 投资条件对餐饮空间设计的限制比较明显，资金充裕的设计可以选用高档的材料，并细分空间的功能和增加优良的设施，这些都可以提高空间的舒适水平。

（3）要考虑不同的地域位置及消费群体 特有的地域灯光、民俗风情、文化内涵、个性特征等，对于设计的影响很大，反映不同地域的物质特征，或者满足不同人群的精神需求，都是设计需要关注的问题。

（4）要考虑餐饮空间建筑结构对设计的影响 实体空间的三维构成，尤其是特殊的结构构件以及结构形式，往往对餐饮空间的设计产生重要影响，大多表现在对使用者行为心理的影响方面。

三、餐饮空间的设计原则

1）餐厅的面积一般以1.85m²/座计算，指标过小，会造成拥挤；指标过大，易增加工作人员的劳作活动时间和精力。

2）厨房和餐厅分布合理，平面布置应先考虑厨房和仓库。

3）顾客就餐活动路线和供应路线应避免交叉，送饭菜和收碗碟出入也宜分开（图4-74、图4-75）。

4）中、西餐式或不同地区的餐室应有相应的装饰风格（图4-76、图4-77）。

5）应有足够的绿化布置空间，尽可能利用绿化分隔空间，空间大小应多样化，并有利于保持不同餐区、餐位之间的不受干扰和私密性（图4-78、图

4-79）。

6）室内色彩应明净，照度应根据空间性质适宜配置。

7）选择耐污、耐磨、防滑和易于清洁的装饰材料。

8）室内空间尺度适宜，通风舒畅，采光充分，吸声良好，阻燃达标，疏散通道畅通，标示明确，符合国家消防法规规定的要求。

在设计要点上，餐厅内部设计由其面积决定，那么对空间做最有效的利用尤为重要。遵循平面布局规划原则，使布局更为合理，使空间更加完善。

四、餐厅空间设计与人的行为心理

1. 边界效应与个人空间

人在公共空间中有着普遍的自我保护和保持私密性的心理感受。环境心理学对人与边界效应的研究表明：人们倾向于在环境中的细微之处寻找支持物。因此，在进行空间设计的时候必须要考虑到使用者的心理需求。人的三个心理需求如下。

1）人喜欢观察空间、观察人，人有交往的心理需求，而在边界逗留为人纵观全局、浏览整个场景提供了良好的视野。

图4-76 中式餐厅

图4-77 西式餐厅

图4-78 座席区绿化

图4-79 主题墙绿化

图4-80 一般采光照明

图4-81 灯光局部照明

图4-82 混合照明

图4-83 装饰点缀照明

2）人在需要交往的同时，又需要有自己的个人空间领域，这个领域不希望被侵犯，而边界使个人空间领域有了庇护感。

3）人在交往的同时，需要与他人保持一定距离，即人际距离。

2. 餐桌布置与人的行为心理

1）在餐饮空间设计中，划分空间时应以垂直实体尽量合围出各种有边界的餐饮空间，使每个餐桌至少有一侧能依托于某个垂直实体，如窗、墙、隔断、靠背、花池、绿化、水体、栏杆、灯柱等，应尽量减少四面临空的餐桌。这是高质量的餐饮空间所共有的特征。

2）餐桌布置既要有利于人的交往，又须与他人保持适当的人际距离。

五、餐饮空间设计的基本要求

餐饮空间设计的基本要求，是方便接待顾客和使顾客方便用餐。

1. 餐饮空间光环境设计

餐饮空间光环境设计，主要包括自然光环境和人工光环境。其中，人工光环境按类型可分为间接照明、直接照明，投射的方式分为一般照明、局部照明、混合照明、装饰点缀照明（图4-80～图4-83）。餐厅空间光的合适运用体现在灯具的选择、光的柔弱（餐桌上的光照度300～750lx）、光源的位置、光的投射角度。

2. 入口空间设计

（1）入口空间的作用与内容　入口空间包括入口门、入口门前的空间和门厅部分。入口空间起招徕顾客、引导人流的作用，需要有强烈的认知性和诱导性。

（2）入口空间的设计手法　将入口空间作为交通枢纽；将入口空间作为视觉重点；将入口作为酝酿情绪的空间或停留空间；将入口空间的功能扩大化（图4-84、图4-85）。

图4-84 入口作为视觉空间

图4-85 入口作为停留空间

图4-86 卫生间洗手台

图4-87 卫生间隔断

3. 卫生间设计

（1）卫生间的平面布局　卫生间的门要隐蔽，不能面对餐厅或厨房，其次要有一条通常的公共走道与其连接，以引导顾客方便找到。卫生间的位置不能与备餐出口离得太近，以免与主要服务路线成交叉。大面积餐厅要考虑用厕距离和经由路线，多层应考虑分层设置卫生间。顾客用卫生间与工作人员卫生间应尽可能分开。

（2）卫生间设计注意要点　卫生间必须设计前室，通过墙或隔断将外面人的视线遮挡。注意卫生间的镜子的折射角度问题，不能折射到出入的门或外部。卫生间属于公共空间，应多采用蹲便，卫生保洁很重要。使用明窗或用机械通风保证卫生间的通风，同时必须设地漏，墙、地、洗面台都要用防水材料（图4-87、图4-88）。

4. 厨房设计要点

（1）平面设计要点　合理布置生产流线，要求主食、副食两个加工流线明确分开，从初加工到热加工再到备餐的流线要短捷畅通，避免迂回倒流，这是厨房平面布局的主流线，其余部分都从属于这一流线而布置。原材料供应路线接近主食、副食初加工间，远离成品并应有方便的进货入口。注意洁污分流，对原料与成品，生食与熟食，要分隔加工和存放。冷荤食品应单独设置带有前室的拼配间，前室中应配有洗手盆。垂直运输生食和熟食的食梯应分别设置，不得合用。加工中产生的废弃物要便于清理运走。工作人员须先更衣再进入各加工间，所以更衣室、洗手、浴厕间等应在厨房工作人员入口附近设置。厨师、服务员

图4-88 封闭式厨房布局

的出入口应与客人入口分开，并设在客人看不到的位置。服务员不应直接进入加工间端取食物，应通过备餐间传递食物。

（2）厨房布局形式　一般可以分为封闭式、半封闭式、开放式。封闭式餐厅与厨房之间完全分隔开，传统中式餐厅较多采用此形式（图4-89）。半封闭式露出厨房的一部分，使客人能看到特色的烹调和加工技艺，活跃气氛。当前的中式商业餐饮空间大多采用此形式（图4-89）。开放式是将烹饪过程完全显露在顾客面前，现制现吃，气氛亲切。西式餐厅或具有特殊经营方式的餐厅多采用此形式（图4-90）。

（3）热加工间的通风与排风　热加工间应争取双面开侧窗，以形成穿堂风，闷热潮湿的环境，既对从业人员的工作条件产生不利影响，也不利于食品的保存、制作、搬运等工作，良好的通风和采光是优质工作效率和效果的必要保证。热加工间要设天窗排气，利用热蒸汽向上升腾的原理，在墙面高处贴近屋顶开设通风口，利用自然风压或人工抽引，使工作区域产生空气流动，有利于及时排除潮湿气体。同时还要设抽气道或机械排风，在没有条件开设大面积直接外窗口的条件下，可以设置人工排风设施，保障基本工作条件。将烤烙间与蒸饭间单独分隔。持续或集中产生大量热量和蒸汽的工作区域，应该单独设置，避免对其他流程产生干扰。

（4）地面排水　为明沟排水，地面要有5‰~1‰的坡度，坡向明沟。厨房处污水出口处应设有"除油井"。

5. 餐厅的家具布置

餐桌的就餐人数应多样化，如2人桌、4人桌、6人桌、8人桌等。餐桌布置应考虑布桌的形式美和中西方的不同习惯，如中餐常按桌位多少采取品字形、梅花形、方形、菱形、六角形等形式，西餐常采取长方形、"T"形、"U"形、"E"形、"口"字形、课堂形等。自助餐的食品台，常采用"V"形、"S"形、"C"形和椭圆形（图4-91~图4-94）。

餐桌和通道的布置数据参考如下：

1）服务走道宽900mm。

2）桌子最小宽700mm。

3）四人用方桌最小为900mm×900mm。

4）四人用长方桌为1200mm×750mm。

5）6人用长方桌（4人面对面坐，每边坐2人，两端各坐1人）为1500mm×750mm，6人用长方桌（6人面对面坐，每边坐3人）1800mm×750mm。

6）8人用长方桌（6人面对面坐，每边坐3人，两端各坐1人）2300mm×750mm。

7）8人用长方桌（8人面对面坐，每边各坐4人），2400mm×750mm。

8）圆桌最小直径：2人桌ϕ850mm，4人桌ϕ1050mm，6人桌ϕ1200mm，8人桌ϕ1500mm。

9）餐桌高720mm，桌底下净高为600mm。

10）餐桌椅座面高440~450mm。

11）酒吧吧凳高750mm。

12）吧台高1050mm。

13）搁脚板高250mm。

图4-89　半封闭式厨房布局

图4-90　开放式厨房布局

图4-91　固定4人桌

图4-92　活动2人桌

图4-93　可组合4人桌

图4-94　圆桌

第四节　娱乐空间设计

一、娱乐空间概述

娱乐是与工作相对的概念，娱乐空间就是人们工作之余去聚会、用餐、欣赏表演、松弛身心和情感交流的场所。尽管从古至今娱乐的内容始终以餐饮、观赏表演、自娱为中心，但包容它们的场所——娱乐空间，在形式上却随着时代的变迁而不断改变着自己的形象，从古代的篝火围坐到现代的欧洲酒吧，直至现代的歌舞厅、夜总会。时代的进步、文明的发展，以及生活质量的提高促使人们不断追求更新的生活方式和娱乐形式。文化娱乐空间设计是人类文化最典型、最集中的体现，如何通过环境设计语言来诠释人们对生活的理解是设计师在设计中要解决的核心问题。

目前，人们的旅行活动和社会活动逐渐增多，这直接导致酒店、餐馆、娱乐场所等公共空间的大规模出现。不少地方还出现酒吧街等娱乐场所集聚地。而对日益丰富的娱乐休闲方式，如何设计出具有时代特征的娱乐空间是设计师应探讨的问题。

二、娱乐空间设计类型

娱乐空间按空间位置划分，可分为内部娱乐空间和外部娱乐空间。

1. 内部娱乐空间

（1）休闲型 如酒吧（图4-95）、夜总会、KTV（图4-96）、桑拿浴等，消费群体大多为商务人士和亲朋聚会等。在设计上大多利用色彩、灯光、造型把空间设计得亮丽动人，特别要突出浓厚的"娱乐场所味儿"。

（2）运动型 如游泳馆、保龄球、台球室（图4-97）、健身房（图4-98）等。大多适合于年轻群体和热衷于体育锻炼的群体。运动型休闲空间是近年来我国城市发展很快的一种空间类型，这与人们的文化需求多样化和追求更高的生活品质密切相关。

2. 外部娱乐空间

主题公园、游乐场（图4-99）、海滨游泳浴场（图4-100）等，都属于外部空间。亚里士多德说："人们来到城市是为了生活。人们居住在城市是为了生活得更好。"城市除了给居民提供工作的便利之外，还要满足人亲近自然、从事休闲娱乐活动的愿望，以主题公园、游乐场、海滨游泳浴场等为代表的城市外部娱乐空间，在很大程度上决定了居民的休闲模式和内容，直接影响到人们休闲生活的质量，对于满足城市居民的日常娱乐活动需求具有十分重要的意义。

三、娱乐空间设计的分类

娱乐项目由很多不同类型模式组成，娱乐业从最早期的歌舞厅、夜总会式歌剧院、迪斯科、综合性酒吧、丽人SHOW吧，到今天的夜总会、量贩KTV、娱乐会所、慢摇吧等，经历了一个漫长的过程。特别是在娱乐业不断成熟的今天，娱乐模式及消费群体的细分更加明显及专业化，所以在项目策划的时候首先必须要明确方向，确定娱乐的模式及不同的消费群体。因为它的功能、装饰风格、服务方式、经营理念都有

图4-95　酒吧

图4-96　KTV

图4-97　台球室

图4-98　健身房

着明显的区别,而前期的策划设计与以后的经营服务是分不开的,所以清楚地认识不同娱乐模式及区别不同的消费群体有利于整个项目的总体策划。

1. 夜总会

夜总会常被人们形容为纸醉金迷,其娱乐模式为唱歌、跳舞、饮酒等。在这种模式下既要照顾娱乐空间的二人世界,也要考虑到集体共乐的公共气氛(图4-101、图4-102)。消费的群体主要是一项生意上的商务应酬或与知己共餐的人,他们的消费大都有"千金散尽还复来"的气派,豪华高档的装饰硬件和体贴入微的服务是该空间的主要特征。

2. 娱乐会所

娱乐会所除了常见的娱乐模式外,主要特征是更具有私密性。以接待为主,使顾客有一个典型、安全、舒适的娱乐环境,体现出顾客的尊贵身份。消费的群体,非富即贵,追求高档、幽雅的环境,希望得到无微不至的服务及贵族般的享受(图4-103、图4-104)。

3. 迪斯科

劲歌热舞、激情四溢是迪斯科的写照;音响强劲、集体共舞、狂欢豪饮是迪斯科的娱乐模式。以舞池为中心,DJ及领舞为主持,带动全场气氛,让人们公共创造出热烈的氛围。消费的群体,大多数以年轻人为主,他们主要是为了感受热烈气氛及抒发内心情感,以高度的兴奋刺激来消除精神上的疲劳,但他们的消费能力有限,所以对场所的装饰更重视灯光和音响的效果。

4. 慢摇吧

"慢摇吧"是一种全新理念的酒吧,它有效地将潮流音乐与酒吧文化融为一体。它根据人的娱乐心理需求设计出一套以音乐、灯光加美酒的模式,让人们逐渐达到亢奋的状态。开始时用较为明亮的灯光、节奏较慢的音乐,让人们心情放松,聊天饮酒,然后随着时间的推移,音乐节奏逐步加强,灯光逐步调暗,

图4-99 游乐场

图4-100 海滨游泳浴场

图4-101 夜总会包间效果图

图4-102 夜总会包间实景图

加上DJ及领舞者的鼓动，使人逐步达到兴奋的状态，然后随音乐起舞，找寻HIGH的感觉。在一些经营成功的慢摇吧，可看到千姿百态的舞姿，甚至像在做体操。人们早起在公园中做晨操，为的是锻炼身体；而在慢摇吧内看到的则是晚操，在"闻乐起舞"的同时，达到运动身体、放松心情的作用。慢摇吧之所以会流行，是因为其音乐前卫而反叛，风格迎合当地音乐文化及现代人生存心理，而且时尚、刺激、有情调、气氛好（图4-105）。

（1）消费的群体　通常到慢摇吧消费的客人主要是时尚的白领阶层、年轻的老板们，他们都带着晚归的心态，在热闹的气氛中放松心情。

（2）慢摇吧与迪斯科的区别　首先，慢摇吧音乐节奏的循序渐进，让人们有一个从平静到兴奋的心理过程。再者，由于慢摇吧的定位比迪斯科高，因此客源的素质及消费相对也比迪斯科要高。虽然都是在同一节拍下，但人们各自展示不同的舞姿，不一定只是在舞池，就在座位边也跟着节拍起舞。

（3）慢摇吧的三大要素　视觉效果与音乐风格；品牌酒水与热情吧女；暧昧环境与适度放纵。

（4）慢摇吧的分类　慢摇吧可分为三类。其一是典型慢摇吧，音乐与整个酒吧融为一体，客人可以在座位附近跳舞。其二是设置小舞台（池）的慢摇吧，并带有表演、领舞类，客人可以边喝酒边欣赏，也可以随时参与各种活动。其三是座位区与舞区相互独立的互动式慢摇吧，属静中有动，动中有静。客人可随时跳舞，也可静静地在一旁喝酒聊天。

（5）慢摇吧音乐风格　慢摇的音乐风格是多样化、风格化的，随意性比较强，在曲调间隙留给他人以想象的空间，注重现场气氛的释放。以HIP-HOP、HOUSE、R&B为主，其间也有串烧DISCO出现。慢摇吧的灵魂是现场DJ，最吸引人的音乐是属欲擒故纵的风格音乐，完全由DJ制造气氛。

（6）慢摇吧区域划分　一般可分为酒吧区域与跳舞区域。酒吧区域是一个静中有"动"的区域，此区域应让客人坐着喝酒听音乐是一种享受，此区域对声音要求是耐听（不燥、不烦、不闷），音乐节奏及声压能吸引喝酒的客人有跳舞的冲动。跳舞区域是让进

图4-103　娱乐会所洗浴空间

图4-104　娱乐会所会客空间

图4-105　慢摇吧空间设计

入舞区的客人具有听觉与触觉享受，主扩声集中在这个区域，因此这个区域的声音要求能完全满足慢摇风格，并接近DISCO需求。电子类的HOUSE音乐扩声后的声音效果应浑厚、弹性十足，节奏强烈、层次分明。在经营的某种特殊要求下，可以将扩声转变成DISCO风格，将低频频点及声压改变，使声音达到凶猛、硬朗及力度十足的DISCO风格要求。

（7）慢摇吧视听（灯光音响）风格　灯光效果以

图4-106　新中式KTV包间

图4-107　新古典KTV包间

LED、光纤等为背景基础光，电脑灯、换色灯及部分电脑效果灯为主光，色彩鲜而不耀，华丽而不夸张，配合慢摇音乐风格节奏同步设定。慢摇吧的声音重现要求高，而且有独特的风格，以满足消费群体的听觉特性。高中低频段层次清晰分明，括声均匀，中高不刺，温暖柔和。低频富有弹性和丰满度，深沉且力度适中。

5. 演绎吧

在酒吧中间或有两三人的小型表演，使歌手与客人打成一片。听歌、饮酒、娱乐同时进行，这类酒吧称之为演绎吧。消费者主要以朋友聚会饮酒、情侣约会为主。

6. KTV

以唱歌为主的娱乐，对唱歌的音响要求较高。它一般按小时算房租（图4-106、图4-107），酒类小吃可在场内超市平价采购，免费或平价提供餐点，消费相对较实惠。消费客源以白领工薪族、家庭、同学聚会或生日PARTY为主，装饰讲究干净、实用、灯光明亮。KTV分普通与量贩式两种（表4-2）。

表4-2　量贩式KTV与普通KTV差异对照

项目	量贩式KTV	普通KTV
营业时间	基本上24h营业	一般只在夜间营业，营业时间不超过次日2时
基本情况	装修舒适，音响效果一般	良莠不齐，好坏均有可能
计费方式	采用小时和分钟计费	价格与消费时间长短无关
价格制定	包厢按时段计费，不同时段价格差异明显，非节假日和白天的加价格非常之优惠	按包厢大小计费，价格一般固定
最低消费	不设最低消费和人头费	设最低消费和人头费
服务方式	包厢不设专职服务员，采用自助服务	包厢设有专职的服务人员
酒水供应	附设便利超市，酒水小点几乎平价供应	不设超市，酒水小点价格高昂
营业规模	规模化经营，一般拥有几十个甚至上百个大小包厢	包厢数量多少不定
服务对象	消费人员涵盖商务消费人群和普通消费者	多为商务消费人群
附加服务	多数提供免费餐饮等附加服务，中餐与晚餐可一并在内解决	不提供免费餐饮等附加服务
其他方面	突出安全、健康和自助式的时尚概念	没有安全、健康和自助式的概念

第五节　休闲空间设计

一、桑拿洗浴中心的设计

桑拿又称芬兰浴，是指在封闭的小房间内用加热的湿空气对人体进行理疗的过程。通常桑拿室内温度可以达到90℃以上。桑拿起源于芬兰，有2000年以上的历史。利用对全身反复干蒸冲洗的冷热刺激，使血管反复扩张及收缩，达到增强血管弹性、预防血管硬化的效果。对关节炎、腰背肌肉疼痛、支气管炎、神经衰弱等都有一定保健功效。以桑拿洗浴为代表的服务业在中国迅猛发展，并逐渐成为一种新兴产业，洗桑拿逐渐成为都市人缓解精神压力的一种有效方式（图4-108、图4-109）。

1. 桑拿洗浴分类

桑拿发展至今已有泰式、韩式、港式、日式、中式等多种方式。桑拿房分为酒店类VIP房、商用桑拿房、美容桑拿房、常用桑拿房等类型。桑拿方式包括干蒸和湿蒸两种。桑拿房根据规模大小一般有1人型至18人型等多种规格。

（1）干蒸　是一种高温、低湿度的沐浴方式，主要是通过电子抽湿、撒药，用经特殊工艺精制过的桑拿木板（白松木、桦木）做房体，以金属炉体通过电热丝将覆盖在炉体上面的特殊专用矿石加热，使其散发出各种对人体有益的矿物质元素，房内的高温促进人体排出多余的油脂、毒素，使用后使人减肥排毒、身心舒畅。

（2）湿蒸　是一种低温、高湿度的淋浴方式，房体是由一种对人体无毒、无害的生物复合材料制成，俗称"亚克力地板"，学名"聚甲基丙烯酸甲酯"。主要采用水蒸气设备进行加温、加湿，使用后能使人松弛神经、减肥美容。

完善的洗浴区除配有干蒸、湿蒸房外，还应配有热水、温水、冰水三种不同水温的水力按摩浴池。桑拿洗浴中心一般设有接待大厅、更衣室、洗浴区、休息大厅、按摩房、美容美发、健身房等功能区域，不同功能区空间设计应有各自的特点。

2. 桑拿洗浴中心设计注意事项

1）接待大厅的设计应艺术性强，体现休闲性特点；休息大厅的设计应温馨、雅致，光线柔和。

2）按摩房的设计应体现多样化的风格，每个房间不能千篇一律，要给客人每次不同的心理感受。

3）更衣室应根据规模大小设置有足够的更衣柜，每个更衣柜应设置有存衣处和存鞋处两个部分；淋浴房各间应相互隔离，并配有冷热双喷头及浴帘。

4）按摩房、休息大厅地面及墙面可以分别选用地毯或木地板等软性地面装饰材料和墙纸等艺术性墙面装饰材料。桑拿洗浴区地面材料适合铺满并经过防滑处理的大理石、花岗岩或地砖，因为湿气大，墙面也应以防潮的石材和墙砖为主要装修材料。

图4-108　桑拿洗浴等候区

图4-109　桑拿洗浴区

5）桑拿洗浴区因潮湿，吊顶适宜采用防腐、防潮的装饰材料。如铝合金扣板、轻钢龙骨硅钙板、经过特殊工艺处理的板材等，纸面石膏板和普通木饰面材料，因为怕潮，不适合用在洗浴区，但可用于接待和休息大厅、按摩房等。

6）桑拿浴室的灯光应柔和。水池区顶部照明宜采用防水型节能筒灯，防护等级为IPX4，干蒸房、湿蒸房属高温潮湿场所，防护等级应达到IPX5。线路应采用阻燃型聚氯乙烯绝缘电线，穿金属管顶棚内铺设。

7）在封闭楼梯间前室、电梯前室、疏散走道、休息大厅及水池区均应设置火灾事故应急照明；在疏散走道及主要疏散路线，设置发光疏散指示标志，走道指示标志间距不大于20m。

8）桑拿浴室的通风装置非常重要，其好坏直接关系到桑拿的效果甚至顾客的生命安全，因此，桑拿浴室的空调系统必须完善，运转正常，以确保浴室内始终处于正常的温度和湿度。

二、美发、美容场所设计

美容、美发主要以人的形象设计为主要内容。通常有美发店、美容院、美容美发厅等不同类型的经营模式，满足不同顾客的需要。

1. 美发店

美发店主要以剪发、洗发、染发、烫发等为主要服务功能，主要功能分区有理发区（图4-110、图4-111）、洗发区（图4-112）、烫染区（图4-113）、休息等待区（图4-114）、收银区（图4-115）、洗手间等。美发店的设计要点主要有以下几点。

1）美发店的设计在风格上多追求个性与另类，如天花板的设计，故意露出水管、电线，并装上艺术感较强的灯饰，以体现裸露的粗犷风格，既体现效果，又节约成本。

图4-110　大型美发店理发区

图4-111　小型美发店理发区

图4-112　洗发区

图4-113　烫染区

图4-114 休息等待区

图4-115 收银区

图4-116 收银台

图4-117 休息等待区

2）用充满生机的绿色植物点缀空间，营造清新、幽雅的环境氛围，是美发店常用的设计手法。

3）理发区是美容店装饰、装修的重中之重，在保证干净整洁的基础上，可以利用镜子、理发工作台等独特的设计来增添特色，打破传统的四方形形状，有个性化的镜形和镜子四周的墙壁设计及理发工作台设计可以让顾客留下深刻的印象。

4）在电气路线设计方面应特别注意满足烫发、染发、吹发等多插座的需要。

2. 美容院

随着人们生活水平的提高，美容院在今天日趋普遍。美容院主要以美容、美体为主要功能，主要功能区有接待及收银台（图4-116）、休息等候区（图4-117）、美容室（图4-118）、美体室、淋浴房、洗手间等。美容店的设计要点有以下几点。

1）美容院的灯光应特别注意氛围、情调的营造，在一个简单古朴的房间里做美容是没有什么感觉的。而柔和的灯光、精致的装修、个性化的陈设、轻柔的背景音乐能使顾客精神放松、心情愉悦。

2）美容院的设计应特别注意色调的把握。很多美容院都把生意不好归结于管理、产品、服务和人气等原因。其实，美容院的色调感觉也会影响生意的成败。冷色调的气氛会令人压抑，使顾客在心理上产生抗拒感，必然不会成为长期忠实的顾客。暖色调令人平和舒缓，但如过多使用暖色中明度和纯度较高的色

图4-118 美容室

彩，也会使顾客产生不适感。暖色中的浅色调，如粉红、粉橙、粉绿、粉蓝等粉色调系类，能使人感到亲切和温馨，比较适合美容院的环境。

3）美容院除前台或咨询厅光线宜充足外，美容、美体区光线应柔和，以间接照明为主，少用或不用直接照明，不能给顾客有刺眼的感觉。

4）美容、美体属于个体服务，可以灵活运用隔断或屏风、垂帘，尽量为顾客创造相对私密性的空间。

- 补充要点 -

商业空间装修周期

商业空间为了提高消费者的消费额，会频繁进行装修，时刻保持焕然一新的面貌。

1. 特大型商业空间，如商场、星级酒店、大型超市等面积超过3000m^2的商业空间整体装修周期一般在5年左右。

2. 大型商业空间，如电影院、快捷酒店、休闲会所、中型超市等面积1000~3000m^2的商业空间整体装修周期一般在3~5年左右。

3. 中型商业空间，如美容院、KTV、餐厅、中小型超市等面积300~1000m^2的商业空间整体装修周期一般在3年左右。

4. 小型商业空间，如专卖店、快餐店、小型超市、百货店等面积100~300m^2以下的商业空间整体装修周期一般在2~3年左右。

5. 微型商业空间，如个性化专卖店、食品店、日用百货店、店中店等面积100m^2以下的商业空间整体装修周期一般在1~2年左右。

课后练习

1. 购物空间的设计原则有哪些？请具体分类说明。
2. 酒店空间设计应遵循哪些原则？
3. 餐饮空间构思与设计前应考虑些什么？
4. 实地考察一家KTV或健身房内部的空间设计，并收集图片进行交流讨论。
5. 对休闲空间进行设计时应注意些什么？

第五章
商业空间照明设计

学习难度：★★★★☆
核心概念：灯具、显色性、光环境

PPT课件，请在计算机里阅读

> **章节导读**
>
> 光可以构成空间、改变空间、美化空间，但光的功能处理不好也能破坏空间。商业空间照明设计的好坏，直接影响商业空间设计的效果，会对人的购物心理和情感起到积极或消极的作用，所以对采光和照明应予以充分的重视。现代设计中逐步将灯光设计作为专门的学科进行研究，并出现了专业的灯光设计师，配合空间设计师共同完成设计方案。

第一节　照明设计基础知识

一、商业空间照明的作用

照明在商业空间环境中必不可少，它不仅可创造出多彩的商业空间环境，同时也可显示出商业空间的特点。商业空间环境照明设计的任务，在于借助光的性质和特点，使用不同的方式，在商业空间环境这个特有的空间中，满足商业空间所需的照明功能，有意识地创造环境气氛和意境，增加环境的艺术性，使环境更符合人们的心理和生理需求（图5-1、图5-2）。

二、商业空间照明的分类

商业空间照明一般可分为自然采光和人工采光两种。

1. 自然采光

自然采光是以太阳为光源形成光环境。利用自然采光可通过各种采光结构创造出光影交织、似透非透、虚实对比、投影变化的环境效果。但自然光因其光色较固定，无法满足商业环境照明的较高要求。另外自然光线的移动变化常影响物体的视觉效果，难以维持稳定的光照质量标准，因此，对于商业空间照明设计来说，一般很少完全以自然光为主要依据来考虑商业空间的照明视觉效果。但是在临街的商业空间设计中，自然采光则被大量使用。有照明价值的自然光

图5-1　商业空间走道照明

图5-2　店面照明

是白天的昼光，昼光是由直射地面的阳光与漫射地面的天空光组成（图5-3、图5-4）。它具有如下特性。

（1）变化性　由于不同时间段的太阳高度角不同，太阳光穿过大气层的路程远近不一样，再加上不同的天气条件下大气层中尘埃微粒不一样等原因，自然光的亮度和颜色变化都非常明显。例如，晴朗的天空看起来是蔚蓝色的，阴天时天空的光线呈现灰色，傍晚时天空由蓝色变为黄色，并逐渐加深变为橙色，最终成为地平线上一抹鲜艳的红色。黎明时分，光线的变化过程与傍晚刚好相反；而夜间，亮度很低的深蓝色天空中点缀着点点星光。自然光不但会随每天时间的不同发生改变，而且对于季节的变迁及随处地理位置的差异也发生着奇妙的变化。如生活在温带的人们，能够感受到季节变化所带来的不同的光线感受，春光的明媚，盛夏的灼热，深秋的高爽及冬日的萧瑟。通常情况下自然光没有形态，但在某些特殊条件下，自然光会表现出可被视觉认知的具体形态。如空中刹那间劈下的闪电的线形特征，水面的粼粼波光具有的点状特征，地平线上的太阳具有的面特征，穿越雨林的光束的体状特征，再如彩虹的弓形特征。多变的自然光给人们带来了丰富的视觉体验，具有令人感动的艺术效果（图5-5）。

（2）显色性　自然光被认为具有最佳的色彩还原性。从理论上来讲，天然光包括了垂直于光波传播方向的所有可能的振动方向，所以不显示出偏振性。由于天然光的光谱分布最为完整，因此色彩还原性最佳。6月晴天正午的阳光的光谱能量分布十分均匀，从光谱能量分布图上看，除紫色光的数量稍微少一些外，整幅图呈现一条平滑的曲线。而北向的自然光一直都被认为是最理想的、不显示任何颜色倾向的白色光，但其光谱分布却不如直射阳光均匀，蓝色光线明显比红色光线多。从情感的角度来说，爱迪生发明电灯至今不过一百多年的历史，在此之前，人类的发展和进化长期在自然光状态下进行，因此我们本能地相信自然光下所看到的物体颜色就是物体本来的颜色，自然光成为颜色的参照物，在自然光下看到的颜色被认为是真正的颜色，尽管它的色调从早到晚、一年四季都在变化（图5-6）。

图5-3　侧面自然采光

图5-4　顶面自然采光

图5-5　日光照射角度变化

图5-6　日光反射到店内灰色墙面

图5-7　走道照明

图5-8　电梯间照明

图5-9　橱窗照明

图5-10　店面照明

2. 人工照明

（1）人工照明设计　人工采光是利用各种发光灯具，根据人的需要来调节、安排和实现预期的照明效果，它具有恒定性的特点，可随意处理光照效果。商业照明设计的目的首先是满足观众看商品的照度要求，既要符合视觉卫生，又要保证商品的展出效果；其次是运用照明的手段，渲染展示气氛，创造特定的艺术氛围（图5-7～图5-10）。

商业环境照明中较多使用人工照明。人工照明可以随需而取，创造特有的环境气氛。巧妙地综合利用自然采光和人工照明以及各种照明方式，能有效构筑空间的视觉效果，如渲染空间层次、改善空间比例、限定空间路线、增加空间层析、明确空间导向、强调空间中心等。

（2）人工照明设计的基本原则　商品陈列区的明度要充分，照度必须比观众所在区域的照度高；光源不裸露，灯具的保护角度合适，避免出现眩光；根据各类不同的照明特点，选择不同的光源、光色、型号，避免影响商品固有色；选择不含紫外线的光源，防止照明灯具爆裂；商业照明布线要严格按规范安全布施，注意防火。

第二节　照明灯具的类型与运用

一、照明灯具的类型

1. 直接型灯具

直接型灯具绝大部分光通量（90%～100%）直接投照下方，光线通过灯具射出达到假定的工作面上，所以灯具的光通量的利用率最高。直接照明可使光大部分作用于作业面上，因此光的利用率较高，会起到引人注意的作用。其特点为易产生眩光，照明区与非照明区亮度对比强烈（图5-11、图5-12）。

2. 间接型灯具

间接型灯具的小部分（10%以下）光通向下。通过反射光进行照明，如天花灯槽将全部光线射向顶棚，并经天花反射到工作面上，设计得好时，全部天棚成为一个照明光源，达到柔和无阴影的照明效果。由于灯具向下光通很少，只要布置合理，直接眩光和反射眩光都很小。此类灯具的光通利用率较其他种类的要低。间接照明光线柔和，无眩光；但光能消耗大，照度低，通常与其他照明方式配合使用（图5-13、图5-14）。

图5-11　直接型灯槽照明

图5-12　直接型筒灯照明

图5-13　间接型灯带照明

图5-14　间接型反射照明

图5-15 半直接型筒灯

图5-16 半直接型吊灯

3. 半直接型灯具

半直接型灯具大部分（60%~90%）光通量射向下半球空间，少部分射向上方，射向上方的分量将减少照明环境所产生的阴影的硬度并改善其各表面的亮度比。它除了保证工作面照度外，非工作面也能得到适当的光照，使商业空间光线柔和、明暗对比不太强烈，并能扩大空间感（图5-15、图5-16）。

4. 半间接型灯具

半间接型灯具小部分（10%~40%）光通量向下，它的向下分量往往只是用来产生与天棚相称的亮度，此分量过多或分配不适当也会产生直接或间接眩光等一些缺陷。它们主要作为环境装饰照明，由于大部分光线投向顶棚和上部墙面，增加了间接光，光线更为柔和宜人（图5-17、图5-18）。半间接照明使大部分光线照射到天花上或墙的上部，使天花非常明亮均匀，没有明显的阴影，但在反射过程中，光通量损失较大。这种照明方式没有强烈的明暗对比，光线稳定柔和，能产生较高的空间感。

5. 漫射型灯具

灯具向上和向下的光通量几乎相同，各占50%。最常见的是乳白玻璃球形灯罩，其他各种形状漫射透光的封闭灯罩也有类似的配光。这种灯具将光线均匀地投向四面八方，因此光通利用率较低，光线柔和、没有眩光，适宜于各类商业空间场所（图5-19、图5-20）。

图5-17 半间接型圆柱吊灯

图5-18 半间接型条形吊灯

图5-19 漫射型灯带

图5-20 漫射型吊灯

二、照明灯具的运用

灯具的类型有很多,按灯具的与运用配置方式分类,可以分为天花灯具、壁灯、台灯、地灯等类型。

1. 天花灯具

常用的天花灯具包括以下几种。

(1)悬吊灯 包括吊灯、花灯、宫灯、伸缩性吊灯。主要用于一般照明,并起到装饰性的作用,因此选择不同造型风格、大小、质地的吊灯,会影响整个空间环境的艺术氛围,体现出不同的档次(图5-21、图5-22)。

(2)吸顶灯 包括凸出型、嵌入型灯具。凸出型灯具如吸顶灯,吸顶灯是将照明灯具直接吸附、固定在天花板上的灯具。吸顶灯与吊灯的区别在于,吊灯多用于较高的空间之中,吸顶灯多用于较低的空间之中。嵌入型灯具安装时,是将灯具嵌入天花内部,是一种隐藏式灯具,如射灯、筒灯、格栅灯等。嵌入式灯具应用于多种照明方式下,不会破坏天花吊顶的效果,能够保持建筑装饰的整体和统一(图5-23、图5-24)。

图5-21 新古典吊灯

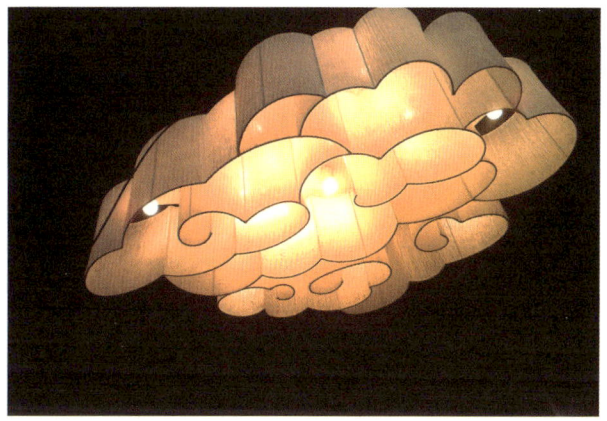
图5-22 现代吊灯

图5-23 日式吸顶灯

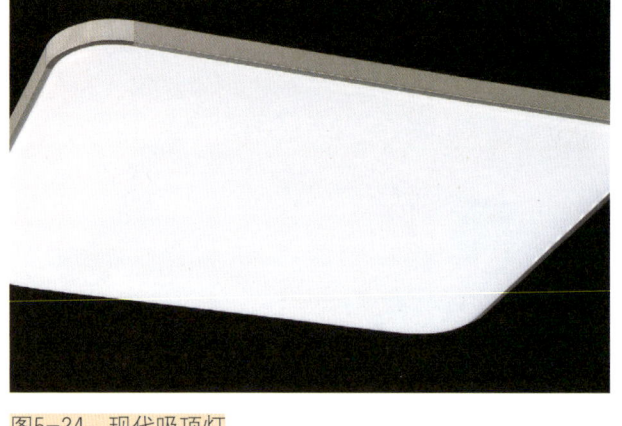

图5-24 现代吸顶灯

图5-25 方形发光顶棚

图5-26 弧线形发光顶棚

（3）发光顶棚 吊顶全部或局部采用透光材料做造型，内部均匀布置日光灯光源的发光顶，称为发光顶棚（图5-25、图5-26）。透光材料一般选用磨砂玻璃、喷漆玻璃、亚克力板等。巴力天花是一种新型的透光材料，也被大量应用于室内外装饰设计中。发光地棚的构造形式也可用于墙面和地面，形成发光墙面和发光地面。不同的是，发光地面要求材料要具坚固性，如用钢结构做骨架，并使用钢化玻璃做透光材料。

（4）发光灯槽 发光灯槽通常利用建筑结构或装修结构对光源进行遮挡，使光投向上方或侧方。其照明多作为装饰或辅助光源，可以增加空间层次，是一种虚拟空间设计手法，起到引导作用（图5-27、图5-28）。

2. 壁灯

壁灯分为悬挑式和附墙式两种，多安装于墙面或柱子上。除辅助照明作用外，壁灯还起到装饰作用，与其他灯具配合使用，丰富光照效果，增加空间层次感（图5-29、图5-30）。

3. 台灯和落地灯

以某种支撑物来支撑光源，一般放在茶几、桌案等台面上的灯具称为台灯，放在地面上的称为落地灯。台灯和落地灯既有功能性照明作用，也起装饰性和气氛性照明的作用（图5-31、图5-32）。

4. 特殊灯具

特殊灯具包括追光灯、旋转灯、光束灯、流星灯等（图5-33、图5-34）。

图5-27 墙面发光灯槽

图5-28 货架发光灯槽

图5-29 独立壁灯

图5-30 阵列壁灯

图5-31 台灯

图5-32 落地灯

图5-33 追光灯

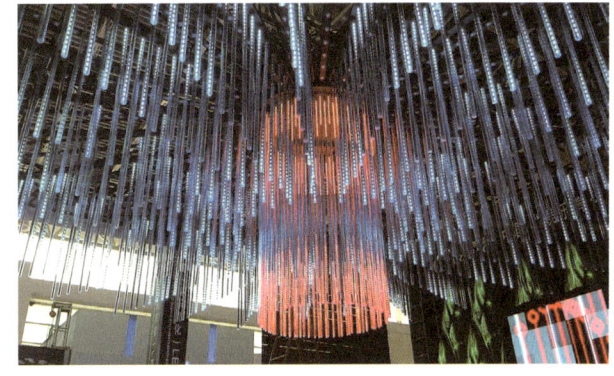
图5-34 流星灯

第三节 照明形式与表现方法

一、灯具的照明方式

灯具的照明方式以灯具的布局形式和功用来分类,可分为如下几种形式。

1. 整体照明

整体照明指对整体商业空间平均照明,也叫普通照明或一般照明。通常采用漫射型照明或间接型照明实现整体照明。它的特点是没有明显的阴影,光线较均匀,空间明亮,不突出重点,易于保持商业空间的整体性(图5-35、图5-36)。

2. 局部照明

只为满足某些空间区域或部位的特殊需要而设置的照明方式被称为局部照明。整体照明是整个商业空间的基本照明,而局部照明更有明确的目的性(图5-37、图5-38)。

图5-35 鞋包店整体照明

图5-36 餐厅整体照明

图5-37 快餐厅顶面局部照明

图5-38 服装店墙面局部照明

图5-39 服装店橱窗重点照明

图5-40 饰品店商品展台重点照明

图5-41 入口装饰照明

图5-42 背景墙装饰照明

3. 重点照明

为强调特定的目标和空间而采用的高亮度的定向照明方式被称为重点照明。在商业空间照明设计中重点照明是常见的一种照明方式。它的特点是可以按照需求突出某一主体或局部，并按需要对光源的色彩、强弱以及照射面的大小进行合理调配（图5-39、图5-40）。

4. 装饰照明

装饰照明是以色光营造一种带有装饰味的气氛或戏剧性的空间效果，用灯光作为装饰的手段，又称为气氛照明。它的特点是增强空间的变化和层次感，制作特殊氛围，使商业空间环境更具艺术气氛（图5-41、图5-42）。

二、灯光的表现方式

灯光的表现方式，主要有以下几种。

（1）点光 就是点辐射、聚光的形式，如聚光灯在空间中形成点光的表现形式。

（2）带光 通常表现为光带、如日光灯管、LED灯带所呈现的表现形式。

（3）面光 就是以发光面的形式投照，如软膜天花所呈现的灯光形式比较均匀、形成面光的表现形式。

（4）其他表现形式 分为静止与流动的灯光表现方式，如追光灯、霓虹灯、激光等灯光呈现出的表现形式。

第四节　照明设计的原则

商业照明设计包括商业空间内部光环境设计、商业入口光环境设计以及营业区光环境设计等。

一、商业空间外部光环境

商业空间外部光环境设计的典型代表就是橱窗的灯光设计。橱窗的灯光设计必须要达到引人注目的效果，在创作方式上应注意两点：一要注意艺术效果与文化品味；二要突出重点商品，而不是灯光，切勿喧宾夺主（图5-43、图5-44）。

二、商业空间入口光环境

商业空间入口的光环境设计应强调识别性，明显易辨。烘托热烈的商业气氛（图5-45、图5-46）。

三、营业空间光环境

绝大部分的商业空间都依赖人工照明，创造优雅舒适的光环境，这是留住顾客的重要手段之一（图5-47、图5-48）。

四、商业照明设计优劣标准

照明是科学，也是艺术，光环境设计的优劣应该从设计和艺术两个方面综合评价。

1）灯光给人以方向感，并能得以界定清楚人们在时空中的位置；

图5-43　店面外墙橱窗灯光

图5-44　室内店面橱窗灯光

图5-45　封闭型入口的光环境

图5-46　开敞型入口的光环境

图5-47 内部展示区光环境

图5-48 外部展示区光环境

2）灯光应该是室内和建筑不可分割的一部分，即在开始时就包含在规划方案里，而不是最后加进去的；

3）灯光应该支持建筑设计和商业空间设计的设计意图，而不是使其游离出来；

4）灯光应该在一个场所内营造出一种状态和氛围，能够满足人们的需求和期望；

5）灯光应该满足并促进人际交流；

6）灯光应该有意义并传达一种信息；

7）灯光的基本表现形式应该是独创性的；

8）灯光应该能够使我们看见并识别我们的环境。

此外，从技术层面上还应补充两点。一是经济的合理性。低成本投入，效益最大化，是当今各行业发挥所面临的难题。如何能用较低的投入赢得最大化的利益，并能在合理的经济条件下得到最佳的设计实施方法直接影响到人类生存环境未来的发展。二是环保、节能。低碳、零排放，这些已经日益受到人们的关心和支持。多使用节能照明，可以节约很多能源的消耗，作为设计师，更要肩负人类发展使命，而不应过多浪费，好的设计既环保又节能，得到好的效果的同时，又在为人类造福。

如果说光环境设计是一门艺术，那么它与其他艺术形式最大的不同，就在于它受到技术发展的约束，所有的光环境设计都离不开照明技术的支持。随着照明技术的提高，光环境设计会得到更大的发展与进步。

- 补充要点 -

商业空间照明设计的发展趋势

随着光环境的日益发展，商业空间照明设计呈现出以下几点发展趋势。

1. 光环境设计将成为建筑工程中不可缺少的独立的设计过程；

2. 光环境设计逐渐向个性化、艺术化发展；

3. 光环境的设计将更注重环保和节能；

4. 自然光的利用将会越来越受到重视；

5. 科技的日新月异为光环境的设计提供了更多更好的选择。

课后练习

1. 为什么人工照明方式被广泛地应用于商业空间中？其设计原则是什么？
2. 收集一些商业空间照明灯具应用的图片，并说说它们的类型。
3. 商业空间中的照明形式与表现方式有哪些？
4. 商业空间中，照明设计应遵循哪些原则？

第六章
商业空间色彩设计

学习难度：★★★☆☆
核心概念：色彩心理、搭配、光色

PPT课件，请在计算机里阅读

> **章节导读**
>
> 　　精神上感到舒畅还是沉闷都与色彩有关。消费者进入商业空间的第一感觉就是色彩，在商店内部恰当地运用和组合色彩，调整好店内环境的色彩关系，对形成特定的氛围空间能起到积极的作用。在对店内进行空间色调处理时应把握好色泽的类别、深度和亮度。商业空间内有许多柜台、展架，商业空间界面多被遮挡，露出来的主要是天棚和地面。营业厅以突出商品为主，界面作为背景，不宜用艳色。特别是地面，因被柜、架分割，更不宜用复杂配色，可选用不易污损的低彩度，低明度色彩配以面积的中彩度点缀色，形成统一而有变化的效果。

第一节　色彩设计基础

　　历经几个世纪的努力，几代物理学家毕生的研究，人们终于认识到色彩是太阳向宇宙发射的光，是波长在380～750nm的电磁波。光是一切物体颜色的唯一来源。光和色是不能分离的，光是色和形之母，色和形是光之子。

一、色彩的本质

　　色彩是通过光反射到人的眼中而产生的视觉感，我们可以区分的色彩有数百万之多。黑、白、灰被称为无彩色。除无彩色以外的一切色，如红、黄、蓝等有色彩的色彩被称为有彩色。

二、色彩的三属性

　　对色彩的性质进行系统的分类，可分为色相、明度及纯度三类。

1. 色相

　　色相（Hue），简写H，表示色的特质，是区别色彩的必要名称，例如红、橙、黄、绿、青、蓝、紫等。色相和色彩的强弱及明暗没有关系，只是纯粹表示色彩相貌的差异。色相是有彩色才具有的属性，无彩色没有色相。光谱的色顺序按环状排列即叫色相环（图6-1）。

2. 明度

　　明度（Value），简写V，表示色彩的强度，也即色光的明暗度。不同的颜色，反射的光量强弱不一，因而会产生不同程度的明暗。明度最高的色是白色，明度最低的色是黑色（图6-2）。

3. 纯度

　　纯度（Chroma），简写C，表示色的纯度、亦即

图6-1　色相

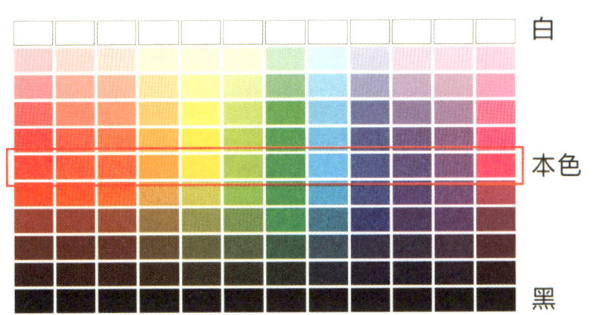

图6-2 明度

图6-3 纯度

色的饱和度。具体来说，是表明一种颜色中是否含有白或黑的成分。假如某色不含有白或黑的成分，便是纯色，彩度最高；含有越多白与黑的成分，它的彩度越低（图6-3）。

三、色调

在商业环境中，通过色彩的色相、纯度、明度的组合变化，产生对一种色彩结构的整体印象，这便是色调。为商业空间环境确立的明度基调，将一定程度上决定商业空间环境最后所要形成的色彩效果。以颜色为基调的，主要是色量的控制，以寻求有主要倾向性色相的色彩，如偏橙色或偏粉红色，或含灰的色所组成的不同色调，还有暖色调、冷色调等。

1. 暖色调

暖色调给人温暖的感觉，尤其适用于冬天使用（图6-4），如红、黄、橙、赭石、咖啡、紫红等，具有热烈、明朗、兴奋、奔放等特点。

2. 冷色调

冷色调给整个商业空间带来清新、凉爽之感（图6-5），如蓝、绿、紫等，具有安静、稳重、明快等特征。

四、三原色

我们所见的各种色彩都是由三种色光或三种颜色组成，而它们本身不能再分拆出其他颜色成分，所以被称为三原色（图6-6）。

图6-4 暖色调应用

图6-5 冷色调应用

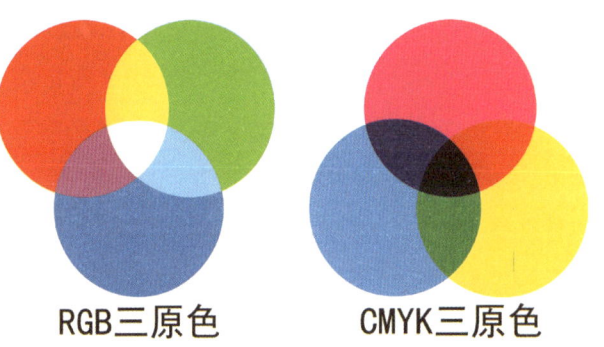

图6-6 三原色

1. 光学三原色

光学三原色分别为红（Red）、绿（Green）、蓝（Blue）。将这三种色光混合，便可以得到白色光。如霓虹灯，它所发出的光本身带有颜色，能直接刺激人的视觉神经而让人感受到色彩，我们在电视屏幕和电脑显示器上看到的色彩，均是由RGB三原色组成的。

2. 物体三原色

物体三原色分别为青蓝（Cyan）、洋红（Magenta red）、黄（Yellow）。三色相混，会得出黑色。物体不像霓虹灯，可以自己发射色光，它要靠光线照射，在反射出部分光线去刺激视觉，使人产生颜色的感觉。CMY三色混合，虽然可以得到黑色，但这种黑色并不是纯黑色，所以印刷时要另加黑色（Black）。

第二节　色彩对人的生理与心理的作用

一、色彩对人的生理作用

人们对不同的色彩表现出不同的好恶，这种心理反应，常常是因为人们的生活经验、利害关系以及由色彩引起的联想造成的，此外也和人的年龄、性格、素养、民族、习惯等分不开。例如看到红色，联想到太阳，万物生命之源，从而感到崇敬、伟大；也可以联想到血，感到不安、野蛮等。看到黄绿色，联想到植物发芽生长，感受到春天的来临，于是用它代表青春、活力、希望、发展、和平等。看到黑色，联想到黑夜，丧事中的黑纱，从而感到神秘、悲哀、不祥、绝望等。看到黄色，似阳光普照大地，感到明朗、活跃、兴奋。

二、色彩对人的心理作用

当色彩以不同的光强度与不同的波长作用于人的视觉时，便会产生一系列生理、心理的反应，这些与人以往的经验相联系时，便会引起各种联想，使色彩具有情感、意志、情绪等各方面的象征意义。商业空间环境的色彩必须考虑这些因素，如体育竞技类的场馆往往采用强烈的红、黄等纯度高的色彩，可以刺激运动员的求胜欲望，提高竞技状态；如图书馆阅览室则采用偏冷的低纯度的色彩，以营造宁静的环境气氛。

三、色彩的物理效应

色彩对人引起的视觉效果反映在物理性质方面，如冷暖、远近、轻重、大小等，这不但是物体本身对光的吸收和反射不同的结果，而且还存在着物体间的相互作用的关系所形成的错觉。色彩的物理作用在商业空间设计中可以大显身手，赋予设计作品感人的设计魅力。

1. 温度感

在色彩学中，把不同色相的色彩分为热色、冷色和温色，从红紫、红、橙、黄到黄绿色称为热色，以橙色最热。从青紫、青至青绿色称为冷色，以青色为最冷。紫色是红与青色混合而成的，绿色是黄与青色混合而成的，因此为温色（图6-7）。

2. 距离感

色彩可以使人产生进退、凹凸、远近的不同感觉，一般暖色系和明度高的色彩给人以前进、凸出、接近的效果，而冷色系和明度较低的色彩则给人以后退、凹进、远离的效果。商业空间设计中常利用色彩的这些特点去改变空间的大小和高低感（图6-8）。

3. 重量感

色彩的重量感主要取决于明度和纯度，明度和纯度高的物体显得轻，如桃红、浅黄色。反之则显得重。在商业空间设计的构图中常以此达到平衡和稳定的需要，以及表现性格的需求，如轻飘、庄重等（图6-9）。

4. 尺度感

色彩对表现物体大小的作用，包括色相和明度两个因素。暖色和明度高的色彩具有扩散作用，因此物体显得大，而冷色和暗色则具有内聚作用，因此物体显得小。不同的明度和冷暖色有时也通过对比作用显示出来，商业空间不同家具、物体的大小和整个空间的色彩处理有密切的关系，可以利用色彩来改变物体的尺度、体积和空间感，使商业空间各部分之间关系更为协调（图6-10）。

四、色彩的空间感觉

不同色彩与不同色调在商业空间中使用，与空气调节、音响调节等一起，成为现代商业空间环境调节手段的一种重要方面。现代科技的进步，使人们不但满足购买产品的本身，更多地愿意参与、充分享受创造的过程。专业的设计师针对商业空间的需求，利用电脑进行各种调色试验，如涂料、家具的配置等，以达到色彩调节空间效果的作用。

1）根据不同空间的功能要求设置不同的色彩，以明确区域划分。

2）从美学角度上突出空间的外貌特征，给人安全、舒适、悦目的感觉。

3）有效地利用光照，易于看清商业空间中的各个物品。

4）减少人的视觉疲劳，提高学习、工作的注意力。

5）使商业环境更加整洁、有序，从而提高工作效率。

6）温暖感与凉爽感。通过冷色与暖色在商业空间中的运用给体温上的不同感受。如在朝北向窗的室内空间运用暖色调易创造温暖的感觉，冷色调会使房间显得比较凉爽。

7）推远感与迫近感。冷色偏轻，给人以很远的感觉，如使用了它们，房间显得更大，更具庄重感。暖色偏重，给人以相互吸引的感觉。

8）扩大感与收缩感。选择明亮色彩的材料装饰天花、地面、墙面、利用明亮色彩的反射作用能使人整个空间感更亮堂，更扩大。大而高的空间，易产生视觉的涣散和乏味感，可以选择深暗色的地面材料，使心里感觉空间的收缩与紧凑。如快餐厅，整体的暖色调，低纯度的对比色，给人营造亲切的"家"的气氛。

图6-7　色彩的温度感

图6-8　色彩的距离感

图6-9　色彩的重量感

图6-10　色彩的尺度感

第三节 色彩设计的基础原则与作用

色彩设计在商业空间设计中起着改变或创造某种格调的作用，会给人带来某种视觉上的差异和艺术上的享受。人们进入某个空间最初的几秒钟内得到的印象百分之七十五是对色彩的感觉，然后才会去理解型体。所以，色彩对人们产生的第一印象是装饰设计不能忽视的重要因素。在商业空间环境中的色彩设计要遵循一些基本的设计原则，这些设计原则可以更好地使色彩服务于整体的空间设计，从而达到最佳的设计效果。

商业空间的色彩包含商业空间的整体色调、装饰色彩、灯具色彩、服装色彩、商品色彩等，繁杂的空间色彩关系如何完美组合，形成统一又有变化的色彩基调，是商业空间色彩研究的重要课题。因此，创造商业空间主题与产品性格相协调的有一定情调的色彩环境，是商业空间色彩设计的任务。

一、统一性

在商业空间环境中，各种色彩相互作用于空间中，确立总体色调要和展示的内容主题相适应，对商业空间环境起决定作用的大面积色彩即为主色调。在空间、展品、装饰、照明等方面，都应在总体色彩基调上统一考虑，应与使用环境的功能要求、气氛和意境要求相适合，与样式风格相协调，形成系统、统一的主题色调（图6-11）。

二、突出主题

色彩设计应考虑以怎样的色调来创造整体效果，构成浓烈的空间气氛，突出主题性。考虑内容与商品个性的特点，选择色彩要有利于突出产品，利用色彩对比方法使主体形象更加鲜明（图6-12）。

三、情感性

把握观众对色彩的心理感受，充分利用色彩给人的心理感受、温度感、距离感、重量感、尺度感等诱导观众有秩序、有兴趣地观看商品是商业空间色彩设计追求的目标（图6-13）。

四、生动而丰富

在色彩设计时，应避免过于单调或过于统一，没有变化，缺乏生气。利用色彩面积、重量感、尺度感等诱惑观众有秩序、有兴趣地观看商品是商业空间色彩设计追求的目标（图6-14）。

五、注重光对色的影响

不同的光源会对色彩产生不同的影响，应合理考虑色彩与照明的关系。光源和照明方式的不同会带来

图6-11 统一的主题色调

图6-12 突出主题的色调

图6-13 色调的情感性

色彩的变化，加以灵活利用，可营造出神秘、新奇的气氛（图6-15、图6-16）。

在商业空间设计中，设计师对商业空间气氛进行营造时，常常通过色彩的魅力来增强艺术氛围，色彩几乎可被称为空间设计的"灵魂"。而色彩的特性决定着在设计的范围内，任何色彩是不分美与丑的，就如印象派大师凡·高曾说过的那样，"没有不好的颜色，只有不好的搭配"。商业空间色彩设计的要求是要表现商业空间设计主题，突出商品的特性、用途，通过各种设计手法来衬托商品。无论是空间界面还是货柜、货架的色彩都要用于烘托商品、宣传商品和诱导购物。

图6-14　生动而丰富的色调

图6-15　单色灯光照明

图6-16　多色灯光照明

- 补充要点 -

商业空间色彩搭配原则

1. 商业空间应有统一的色彩基调，以增强整体感。

2. 色彩搭配时必须以突出商品为前提，恰当的色彩对比会使商品更加突出。

3. 商业空间中的空间配色不应超过三种，其中白色、黑色不算色。

4. 大面积色彩不宜色度过高、色相过多，色彩明度差异过大会使人感到视觉疲劳。

5. 对重点商品，要利用各种色彩对比的方式突出表现。

6. 金色、银色可以与任何颜色相陪衬。金色不包括黄色，银色不包括灰白色。

7. 最佳配色深度是：墙浅、地中、陈设深。

8. 空间尽量使用素色的设计，以免影响商品在空间中的主导地位。

9. 天花板的颜色应浅于墙面或与墙面同色。当墙面的颜色为深色时，天花板应采用浅色。天花板的色系只能是白色或与墙面同色系。

10. 不同的封闭空间，可以使用不同的配色方案。

课后练习

1. 色彩在商业空间环境调节中起着什么样的作用？
2. 商业空间色彩设计的基本原则有哪些？
3. 收集商业空间中色彩运用的相关图片并进行分析。

第七章
商业空间陈设与绿化设计

学习难度: ★★★★☆
核心概念: 摆放方式、陈设规律、陈设技巧

PPT课件,请在计算机里阅读

> **章节导读**
>
> 商业空间设计中陈设环境的使用具有很大灵活性，不仅具有特定的使用功能包括组织空间、分隔空间、填补和充实空间，还应具有烘托环境的气氛，容易营造和增加环境的感染力，强化环境风格等装饰作用，以及体现历史、文化传统、地方特色、民族风格、消费者品味等精神内涵。此外，绿化植物对空气有净化作用，植物通过光合作用，吸收二氧化碳，释放氧气，有的还具备显著的杀菌功能，减少空气中的污染成分。这些知识都是商业空间后期设计所必备的。

第一节　家具摆放

一、家具的空间定义

家具本身对其所在空间的功能质量与艺术效果有重要的影响。家具相对于商业空间来讲，具有较大的可变性，利用家具作为灵活性的空间构件来调节内部空间关系，或变换空间使用功能，提高商业空间利用效率。家具相对纺织品与装饰而言，又有一定的固定性。家具布置一旦定位，定型，人们的行为路线，商业空间的功能，装饰品的观赏点和布置手段都会相对固定。家具的这种既可动，又不可轻易动的空间特性规定了家具作为商业空间构件的重要地位。

二、家具的类别

1. 按使用材料分类

按使用材料可以分为木制家具（图7-1）、塑料家具（图7-2）、金属家具、石材家具和复合家具等。木、藤、竹质家具具有质轻、高强、淳朴、自然等特点。塑料家具耐老化但耐磨性稍差。金属家具是以金属为主材并配以玻璃、人造板、皮布等辅材制成的家具。石材家具比较笨拙，多用于室内外空间的固定布置。复合家具是两种及两种以上的材料为主制成。

图7-1　木制家具

图7-2　塑料家具

图7-3 对称式

图7-4 非对称式

图7-5 集中式

图7-6 分散式

2. 按家具布置格局分类

（1）对称式　对称式显得庄重、严肃、稳定而静穆，适合于隆重、正规的场合（图7-3）。

（2）非对称式　非对称式显得活跃、自由、流动而活跃，适合于轻松、非正规的场合（图7-4）。

（3）集中式　集中式常适合于功能比较单一、家具品类不多、房间面积较小的场合，组成单一的家具组（图7-5）。

（4）分散式　分散式用常适用于功能多样、家具种类较多、房间面积较大的场合，组成若干家具组、团（图7-6）。

3. 从商业空间的位置来区分

（1）周边式　家具沿四周墙布置，留出中间空间位置，空间相对集中，易于组织交流（图7-7）。

（2）中心式　将家具布置在商业空间中心部位，留出周边空间，强调家具的中心地位和商业空间的支配权，交通流线在四周展开，保证中心不受干扰和影响（图7-8）。

（3）单边式　将家具集中在一侧，留出另一侧空间（图7-9）。

（4）走道式　将家具布置在商业空间两侧，中间留出走道。节约交通面积，交通对两边都有干扰（图7-10）。

总之，家具除了其自身的实用功能外，还与调节商业空间，组织交通，构成空间气氛有很大的关系。设计师应当根据不同设计对象、不同的条件、不同的家具，进行因地制宜的设计，才能真正发挥家具在商业空间的作用。不论采取何种形式，都应有主有次，层次分明，聚散相宜。

图7-7 周边式

图7-8 中心式

图7-9 单边式

图7-10 走道式

三、家具布置的基本方法

1. 位置合理

如酒店客房、客房套间将谈话、休息处布置在入口的部位，卧室在套间的后部。卧室内的床位一般布置在暗处，休息座位靠窗布置。

2. 方便使用，节约劳动

同一空间的家具在使用上都是相互联系的，它们的相互联系是根据人在使用过程中达到方便、舒适、省时、省力等活动规律来确定。

3. 丰富空间，改善效果

家具不但丰富了空间内涵，而且能改善空间、弥补空间不足，因此应根据家具的不同体量大小、高低，结合空间给予合理的、相适应的位置，对空间进行再创造，使空间在视觉上达到良好的效果。

四、家具摆放的原则

1. 形状摆放

（1）点式布置家具　通常比较显眼，常以家具作为视觉中心（图7-11）。

（2）面式布置家具　通常面积较大，常以家具作为功能分区使用，利用家具分割空间（图7-12）。

2. 变化与统一

大小的对比与统一，形状的对比与协调，方向的对比一致，质地的对比一致，虚实的对比一致。

（1）形状的对比与协调　家具的形状若是直方造型，则代表厚重稳定，会与周围的造型形成一种风格，同时也是协调共生关系。

（2）方向的对比一致　家具的方向对比一致会产生一种空间秩序感，有序、层次分明（图7-13）。

（3）质地的对比一致　家具的质地及颜色与周围环境对比会产生突出感觉，因此家具最好选用与环境协调的材质。同时色调的调合会使空间感觉和谐统一（图7-14）。

（4）虚实的对比一致　家具与设计造型的虚实对比会产生一种空间限定作用；家具的摆放虚实要服务于功能空间。

五、家具布置的规律

这里所说的是一般规律，并非传统观念上只顾及视觉要求的形式美原则，而是要兼顾到商业空间在使用功能上的要求，同时还满足视觉美感的需求。首先，要研究人们在商业活动的"流线"，在人们运动和从事某种活动"流线节点"上，即可能停留或必须停留处布置相应家具，并满足特定功能使用的家具的使用过程。其次，研究不同空间部位对人的心理影响，创造能感染和影响人的心理的空间，在这些关键的位置布置对人们有明确心理暗示效果的家具，满足使用者对家具和商业空间的心理需求，如按照一般的心理规律，在人们从事某种仪式的地方设置家具。最后，为了充分利用空间，有利于方便生活，在可能情况下设置家具，并使家具起到空间的"拾遗补缺"的作用。

图7-11　点式布置家具

图7-12　面式布置家具

图7-13　方向的对比一致

图7-14　质地的对比一致

第二节 商品陈设

在现代商业活动中，商业空间的环境艺术陈设正越来越被消费者和企业所看重。当然，我们都知道，运用商业空间环境艺术都是以提高产品品味，提升企业形象，宣扬企业或产品品牌文化，使消费者认同产品品牌，达成成交的根本目的。商业空间在以消费者为中心的现代商业空间中，会让消费者体验到不可替代的购物过程，从而对产品和企业产生信任，达成交易。这里，陈设品作为商业空间的重要组成部分将发挥越来越重要的作用。

一、商品陈设的布置方式

1. 系列布置陈列方式

系列布置是商店为生产厂商完整展示某一类产品而设置的，也可以按经营类别展示同一系列款的商品。如电话机等电讯商品，同一品牌有不同的型号、样式、规格以及色彩等，而且新的产品层出不穷，为了完整地宣传统一企业或品牌的商品，通常将商品作为一个完整的系列来展示，以达到品牌效应。按经营类别来展示的系列商品，如化妆类商品，商品的体积、规格、以及牌号厂商都不同，但都是化妆品，通常也陈列在一起，充分体现商店商品花色品种齐全，给顾客选择挑选、比较的余地，同时又能使消费者增加对该类商品的认识、提高消费水平，缩短购买时间，提高工作效率（图7-15～图7-18）。

2. 专题式陈列方式

专题式陈列是指通过实物展示、文字介绍、图片说明等方法专题介绍某种商品的展示形式。如珠宝钻

图7-15 化妆品台面布置陈列

图7-16 化妆品货架布置陈列

图7-17 餐饮区陈列

图7-18 同品牌同系列汽车陈列

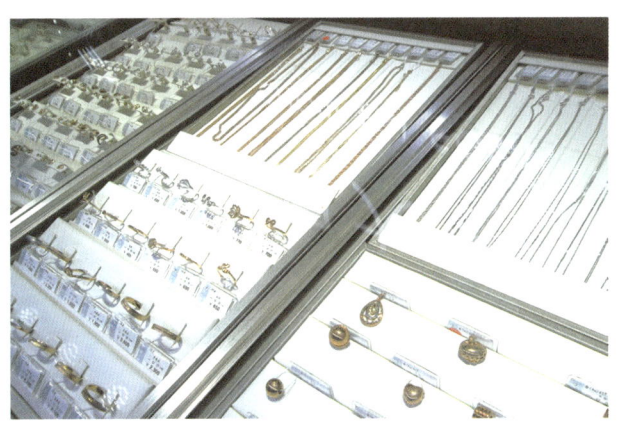

图7-19 首饰布置陈列

图7-20 日用品布置陈列

石店,通过珠宝钻石的形成原因等科普文字说明,让顾客加深对商品的认识;通过珠宝钻石的加工工艺的图片介绍,让顾客了解商品品质优劣,从而认识到该商品的价值,激发顾客的购买欲望。这种展示形成内涵丰富,气氛热烈,融商业性与文化性为一体,使消费者产生信任感(图7-19~图7-20)。

3. 季节性陈列方式

在商品销售过程中,季节性商品的销售,对全年销售计划的实现起着决定性的作用。季节性陈列就是将季节性商品,如服装、鞋帽、空调、冰箱等在该商品适用季节即将到来之前,略微超前地将该商品陈列于橱窗和展台或柜台内,有时为了突出季节性气氛、利用环境背景、道具、配色表现气候上的特征,以突出该商品的使用功能。季节性陈列对顾客有指导和启发消费的作用,也是商场抓住商机的重要手段(图7-21)。

图7-21 季节性陈列方式

4. 场景式陈列方式

场景是陈列方式在橱窗陈列中使用较多,通过背景画面、道具、灯光等辅助手法营造具有强烈艺术感染力的场景,商品则是构成场景的重要角色,通过场景展示,显示其功能上和外观上的特点。引起消费者的联想,因而激发消费者的购买欲望(图7-22)。

5. 综合式陈列方式

中小型商店因面积规模因素的制约,商品的陈列通常使用综合式陈列方式。将各种不同类型、不同用途、不同质地的商品,经过合理的组合搭配、艺术处理,布置在橱窗、货柜或站台上,以显示商品品种多

图7-22 场景式陈列方式

样,规格齐全等特点吸引顾客。这种陈列方式要突出商店经营特色,选择有代表性的商品,避免杂乱无章,做到既丰富多彩,又主题明确、井然有序(图7-23、图7-24)。

图7-23 女装专卖店综合式陈列

图7-24 男装专卖店综合式陈列

二、商品陈设的展示技巧

1. 对称与均衡

对称是一种很普通的、常见的一种美的形式，在自然界中如植物的花和叶，矿物的结晶体，鸟类的翅翼都是对称的。在人类生活中从远古的彩陶、青铜器，建筑中的宫殿、庙宇到现代产品中的灯具、钟表、高楼大厦，从民间的剪纸艺术到舞蹈中的队列排列，人类创造的对称美的形式数不胜数。在橱窗设计中，采用对称的陈列形式能给人以庄严、大方、稳定之美感（图7-25）。

均衡的特点是将其支持点放在偏离中心的一点上，轴心两侧的艺术形式给人以优美活泼的感觉。在自然界中自然产生的大树花草，人工栽植的盆景，现代风格的建筑、雕塑、工业设计中的产品其支点大都偏离中心，但始终保持均衡的状态。在商品陈设中，商品的摆放往往把支点偏放在焦点上，离支点较远的一边放上较多的商品，离支点较近的一边陈设较少的商品，但在感觉上又获得平衡的印象。

均衡与对称是相互联系的，在商业陈设中对称中有均衡，均衡中又有对称，二者不可分割。只有将二者有机结合，才能创造出既变化又统一，既活泼又稳定，符合消费中的欣赏习惯并能得到广大消费者接受和喜爱的艺术形式。

2. 重复与渐次

重复是指物体与物体之间，面目完全相同没有主次、等级之分，以相同的形体、颜色和相同的位置、距离，重复地出现一种构成形式。商品陈设运用重复的形式，就是把商品均等地不断地展现在消费者面前，使每个物体都能发挥其自然的性能，以加深观众的印象。例如，陈列电视机，就是把不同品牌的电视机以相同的展示方法、相同的陈列形式，互相距离相等地陈列在井字形货架上，又是电视机里播放同一内容，犹如电视展播大厅，吸引顾客，引导消费者依次观看商品。商品陈设运用重复的形式有连续、平和与无限之美感，但布置不当或过多则易于单调和乏味。

渐次是一种等级渐变的表现形式，与重复排列相似，但不尽相同，它在运用的分量上，有渐次增加或渐次减少的变化。如色彩上由深色逐渐到浅色，由冷色到暖色，形体上由小逐渐增大，或由大逐渐减小，给人一种生动活泼的感觉。

图7-25 对称与均衡

图7-26 重复陈列

图7-27 渐次陈列

在商品陈设运用中，如日用百货类，由大锅到小锅，由大盆到小盆，由大碗到小碗，虽然单个形体是单调的，但经过渐次增加或渐次减少的排列组合，就产生了一种等级的渐次美，整个陈设组合加强视觉上的渐层深化，使画面丰富多彩（图7-26、图7-27）。

3. 疏密与虚实

疏密与虚实原是绘画构图中存在的点、线、面构成位置和连接关系。在绘画构图中，疏与密是互相依存的，没有密集的丰实，就显不出疏处的空旷，中国传统绘画中"疏可走马、密不容针"就形象地说明了疏密辩证美学关系。在商品陈设与布置中，所列商品与商品之间位距的大小，商品组合体的体量和数量组合，充分运用疏密的构图处理法则，就能产生较好的视觉效果。如体量大的商品较疏，体量小的商品则较密；透体商品宜密，实体商品宜疏；色彩鲜艳的商品宜疏，色彩灰暗的商品宜密。

虚实是指画面中表现的物体量与空间之间的对比，两者相辅相成，对立统一。商品在橱窗或柜台内陈列过实则沉闷拥塞，过虚则淡而无味，顾客会惘然而去。因此无论是橱窗还是柜台、展台都要因地制宜，整体陈列数量不宜过多，局部处理要突出重点，画龙点睛，才能引人入胜，给顾客留下深刻的印象（图7-28、图7-29）。

4. 对比与调和

对比是两种物体并列在一起，既不相同，又不相似，有着明显的差异形成显著对比的一种艺术形式，通常表现为形体对比和色彩对比两种形式。在形体对比中，有纵横、曲直方圆、高低、前后的对比。在色彩的对比中有色相、明度、纯度、冷暖、明暗等对比。将两种差异较大的物体按照一定的美学构成法则

图7-28 疏密陈列

图7-29 虚实陈列

排列在一起，会互相补充、彼此显得更美（图7-30）。

调和与对比相反，就是把性质、质量、色彩相近似的物体按照一定的美学构成原则，排列组合在一起，给人一种融洽和舒适的感觉的一种艺术形式。在造型艺术表现形式上有形体调和、色彩调和、音律调和等等。形体调和表现为外形相同或相近的物体相调和，如书本、文具盒、书包等都是长方体的，组合在一起，是调和的。球类、球拍等圆形体育用品与圆形展台是调和的。色彩的调和是色相环上相邻近的颜色调和，如赤与橙、黄与绿、蓝与紫就是调和色，还有在同一色相中，若浓淡配合适当，也是调和的表现，如深蓝、淡蓝和浅蓝色配合在一起，会觉得非常舒服和协调。形体调和与色彩调和，都具有差别小，互相类似的特点，没有显著的对比或刺激的变化。因此调和将会产生一种融洽和柔和的效果（图7-31）。

5. 节奏与比例

节奏又称为韵律，它是根据反复、错综和转换、重叠的原理，加以适度的安排，使之产生高低、强弱的韵律。节奏在音乐上表现为一定拍节，连续发出一群音，并有高低，长短的变化给人以悦耳的感觉。在造型设计上，表现为线、形、色的反复变化。有时表现为错综交替变化的相同形式，有时又表现为重复出现变化的相重形式。由周期性的相同与相重，构成节奏美。节奏表现为数量上和形式的律动，有时又是变幻的交替，如大海的波浪、重重群山都能使人感受到大自然的节奏美，节奏的周期性的律动，可唤起人们激昂、消沉、轻快、缓慢的千变万化的情感，可以调节人们心灵上和精神上的和谐（图7-32）。

比例是指形体本身在整体上的长宽高所占分量所形成的倍数关系以及形象之间位置大小的倍数关系。符合人们习惯认识的倍数关系为正常比例。形体组合比例协调，看起来舒服，形态就美。人们在生产实践中发现1∶0.618的形体很美，被定为黄金比例（黄金分割）最有美学价值。在实际运用中，2∶3、3∶5、5∶8、8∶13、13∶21的比例与黄金比值近似，也是良好的比例关系，具有悦目的表现力。在商业陈设布置中，运用节奏与比例形式法则可使陈设融入丰富的美学内涵，使消费者百看不厌（图7-33）。

图7-30　对比陈列

图7-31　调和陈列

图7-32　节奏陈列

图7-33　比例陈列

第三节 环境绿化

一、绿化陈设的定义

绿化陈设艺术实际上属于空间陈设的一种,是指按照商业环境的特点,根据美学、生物学和环境学的原理,利用以观叶植物为主的观赏材料,使绿化与商业环境相协调,形成一个统一的整体,达到人、商业环境与大自然的和谐统一,具有很强的艺术表现力。

二、绿化陈设的分类

商业空间陈设一般分为装饰性陈设和功能性陈设。绿化陈设兼备二者的性质。将绿化陈设引入商业环境中的初衷是起到装饰作用,但是配合植物造景原则,它们还可以起到对空间进行划分、暗示和联系的作用。此外,改善空气质量也是绿化陈设的一个主要作用。

绿化陈设用于住宅内绿化时,主要以绿色植物直接作为陈设品完成设计。但是现代商业空间作为主要的消费场所,受众面广,因此它的绿化陈设艺术要求更新快、标准高,有创新,只用单一的绿色植物直接作为陈设品不能满足其要求,而是要将绿化陈设的功能需求与造景原则、环境艺术等综合表达。根据其发展方向看主要分为两类:绿叶陈设、花艺设计。

1. 绿叶陈设

绿叶陈设在传统的陈设设计中接触比较多,主要包括绿植、盆景、插花等。绿植分为地栽与池栽两种方式,一般包括孤植、对植、丛植以及群植四种种植方式。

盆景是以植物和山石为基本素材,在盆内表现微型自然盆景的艺术品;是一种将山水树木经过提炼抽象化,表达风景意境的一种艺术形式。盆景是我国传统的艺术形式之一,在我国至少有1200年以上的历史。盆景在唐代时期由我国传入日本,被称为"盆栽"。盆景一般有树桩盆景和山水盆景两大类,前者以树木为主要材料,加以山水、人物、鸟兽等作陪衬,通过修剪、整形等园艺手段,在盆中体现千姿百态的形式。树形盆景一般分为观形、观叶、观果和观花四种类型,宜选用枝叶小巧、生命力强、生长速度缓慢、寿命长、枝干奇特的树种,配以艳丽的花果者更好(图7-34~图7-37)。

山水盆景是以各种山石为主要素材,以大自然的山水景观为范本,经过精选和雕塑等技术加工,布置于浅口盆中,在石中留有种植穴,便于栽植草木。在当代的盆景创作中,还有"树石组合类"盆景。它是由三株以上的树桩进行搭配,并辅以石材、具有一定空间氛围的盆景造型景观,其主要造型素材是树桩和石材。

插花起源于佛教的供花。插花即指将剪切下来的植物之枝、叶、花、果作为素材,经过一定的技术和艺术加工,重新设计成一件精美、富有诗意、能重现自然美和生活美的花卉艺术品,称其为插花艺术(图7-38)。

2. 花艺设计

花艺设计是以花材为主要素材,通过艺术构思和剪裁整形与摆插来表现自然美与生活美的一门艺术。花艺设计首先将大自然中万紫千红的花卉,引入商业空间作为装饰环境的主体,再将各类花型的特征和色调,用不同材质的玻璃、陶、木、藤、竹、石等形态各异的器皿,加以重组和衬托,突出不同品类的花、叶、枝、虚实、疏密的变化加以夸张变化的手法,达到特定环境空间所需要的装饰效果(图7-39)。应该说花艺设计是再创自然美与形式美的设计,是刻意再现大自然与生活、人情与装饰情趣的创造,是探索审美意识的一门艺术。

三、商业空间中环境绿化的作用

1. 美化视觉效果

对于消费者而言,进入一个商业空间最直接的目的就是消费。然而所在的商业空间是否会使消费者产生消费欲望,往往取决于这个环境给消费者的第一眼视觉效果，即第一印象。在现代商业空间中进行绿化陈设艺术设计，不仅仅是将自然界的绿色植被引入冰冷的建筑中，体现植物本身的美，包括其组合形态、色彩和芳香；还可以通过植物造景原则以及各种艺术手法，有机的配置，从色彩、形态、质感组合形式等方面形成鲜明的对比，使其呈现出一种艺术的美感。适量的植物配景，使商业环境形成绿化空间，人们置身于自然环境中，会感受心旷神怡，悠然自得（图7-40）。

图7-37　绿化与座椅结合

图7-34　盆景点缀

图7-38　商业空间插花

图7-35　盆景组合

图7-39　商业空间花艺

图7-36　绿化对应陈列

图7-40　美化视觉效果

2. 促进消费

现代商业空间中绿化陈设艺术对于消费者心理上的影响主要有两个方面：愉悦消费者的心情和激发消费者的购买欲望。一个郁郁葱葱的绿色世界或一个微型园林，会使人们产生视觉美感，那么身处其中的人们会明显地感到喜悦。研究表明，与缺乏植物的环境相比，人们更喜欢绿色覆盖的大自然环境，并且会保持愉悦的心情，这是人的本性所致。人们在一个特定的购物环境中，满足了视觉的美感、愉悦了心情，继而就会激发其消费欲望，这是一种连锁反应。

3. 填充和划分空间

以观赏为目的商业空间中，绿化陈设是商业空间的主体，它的存在是填充整个商业空间。在整体绿化设计中，大多采用地栽、盆栽或攀援植物，除了基础设施（通道、用餐区、卫生间等）之外，全部种植绿植，搭配不同的品种，高低错落，使空间组织看起来更加丰富（图7-41）。现代建筑的商业空间越来越大，越来越通透，墙的空间割断作用已经逐渐被绿化代替，除了绿化植物单独落地布置外，还可以与其他商业陈设相互组合，形成有机的整体。

图7-41 填充和划分空间

4. 突出重点场景

绿化陈设艺术是绿化植物与装置艺术的高度结合，具有很高的观赏价值，能够强烈吸引人们的注意力，因而常能起到烘托重点或主体的作用。在现代空间中，门厅入口及商业自身景观都是吸引顾客的关键位置，在这些地点适宜地摆放绿化陈设会有意想不到的效果（图7-42、图7-43）。

图7-42 突出大厅重点场景

图7-43 突出房间家具摆放场景

四、环境绿化的应用原则及手法

绿色植物在商业环境中的应用应根据不同空间位置，选择相应的植物品种。但绿化通常总是利用剩余空间，或不影响交通的墙边、角隅，并利用悬、吊、壁龛、壁架等方式充分利用空间，尽量少占商业空间使用面积。同时，某些攀缘、藤萝植物又宜于垂悬以充分展示其风姿。因此，绿化的布置，应从平面和垂直两方面进行考虑，使形成立体的绿色环境。

1. 重点装饰与边角点缀

把绿化作为主要陈设并使其成为视觉中心，以其形、色的特有魅力来吸引人们，是许多厅室常采用的一种布置方式，绿植可以放置在厅室的中央或在门厅内做植物组景，使其色彩与室外相关联，内外结合相得益彰。植物景观应营造简洁鲜明的欢迎气氛，可选用较大型、姿态挺拔、色彩鲜艳、不阻挡人们视线的观叶型盆栽植物，例如椰子、棕竹、南洋杉等。也可在入口处选用有特色的花艺进行布置，如色彩明亮、造型奇特的插花、盆花等，使室内外景观产生呼应与联系（图7-44、图7-45）。

2. 点状布置与面状布置

点状布置是独立的或成组设置盆栽植物，往往是营造商业空间的景观点，具有较强的观赏性和装饰性。常用各种花盆、花篮围成花坛，再配以绿化植物点缀，创造色彩斑斓的动人景色。安排点状绿化的原则是突出重点，植物在形态、颜色、质地各方面要求精心挑选。面状布置是将原本有限的空间全部散布绿化陈设，风格统一又不失活泼，形成一幅生动的画面，使商业气氛更加生机勃勃（图7-46、图7-47）。

3. 线性布置

在现代商业空间的扶手电梯处、通道入口、自动扶梯两侧，连续摆放一排或几排盆栽植物，多成均匀对称状，而且植物材料在形状、大小、色彩上都是一致的。这样既可以划分人流，强调线性的方向性，还可以增强绿化效果（图7-48）。

4. 垂直绿化

在共享商业空间的顶面，可以悬挂特殊花艺设计而成的花球或枝条，长度长短不一，并与灯饰相结合，不仅增加绿化效果，丰富空间层次，还可以营造特色的夜间效果（图7-49）。在建筑的柱、架、棚或共享空间的各层栏板外延，种植藤本植物，使其攀援其上。这类植物一般有牵牛花、紫藤、常春藤等等，可塑性较大，易于人工造型，可形成独特的观赏形态，成为垂直绿化景观（图7-50）。或在共享空间的各层栏板处建造悬空花池，运用线配置的方式形成优美的线性效果，紧密地与地面绿化相呼应，完成绿化的上下统一。

5. 组成背景、形成对比

绿化的另一作用，就是通过其独特的形色、质，

图7-44 植物景观的重点装饰

图7-45 植物景观的边角点缀

图7-46 植物景观的点状布置

图7-47 植物景观的面状布置

不论是绿叶或鲜花,不论是铺地或是屏障,集中布置成片的背景(图7-51)。

6. 结合家具、陈设等布置绿化

商业空间绿化除了单独落地布置外,还可与家具、陈设、灯具等物件结合布置,相得益彰,组成有机整体(图7-52)。

7. 沿窗布置绿化

在商业空间靠窗布置绿化,能使植物接受更多的日照,并形成商业绿化景观。可以做成花槽或采用低台放置小型盆栽等方式(图7-53)。

图7-48 植物景观的线性布置

图7-49 吊挂垂直绿化

图7-50 墙面垂直绿化

图7-51 绿色植物背景墙

图7-52 植物景观的结合布置

图7-53 沿窗布置绿化

第四节　商业空间陈设与绿化设计案例

这里介绍一家名为野兽派的咖啡店陈设与绿化设计案例。咖啡店坐落在商业街临街，店面2层，面积170m²左右，内部楼梯通往上下两层，开门较多，联通相邻商业空间，方便顾客出入，消费频率高。

咖啡店的设计风格以Loft为主，局部混搭东南亚风格，在装饰陈设上偏重采用绿化植物，尽可能地将绿化氛围覆盖全店，投资者与设计师深刻认识到追求个性、时尚的年轻人是咖啡店的主要消费群体。因此，陈设品多以复古家具、挂件、摆设为主，希望能吸引对异域风情感兴趣的年轻消费者。店内陈设与绿化物品也可以作为商品销售，为对这些物品情有独钟的特定消费者提供便利（图7-54～图7-67）。

图7-54　一层平面布置图

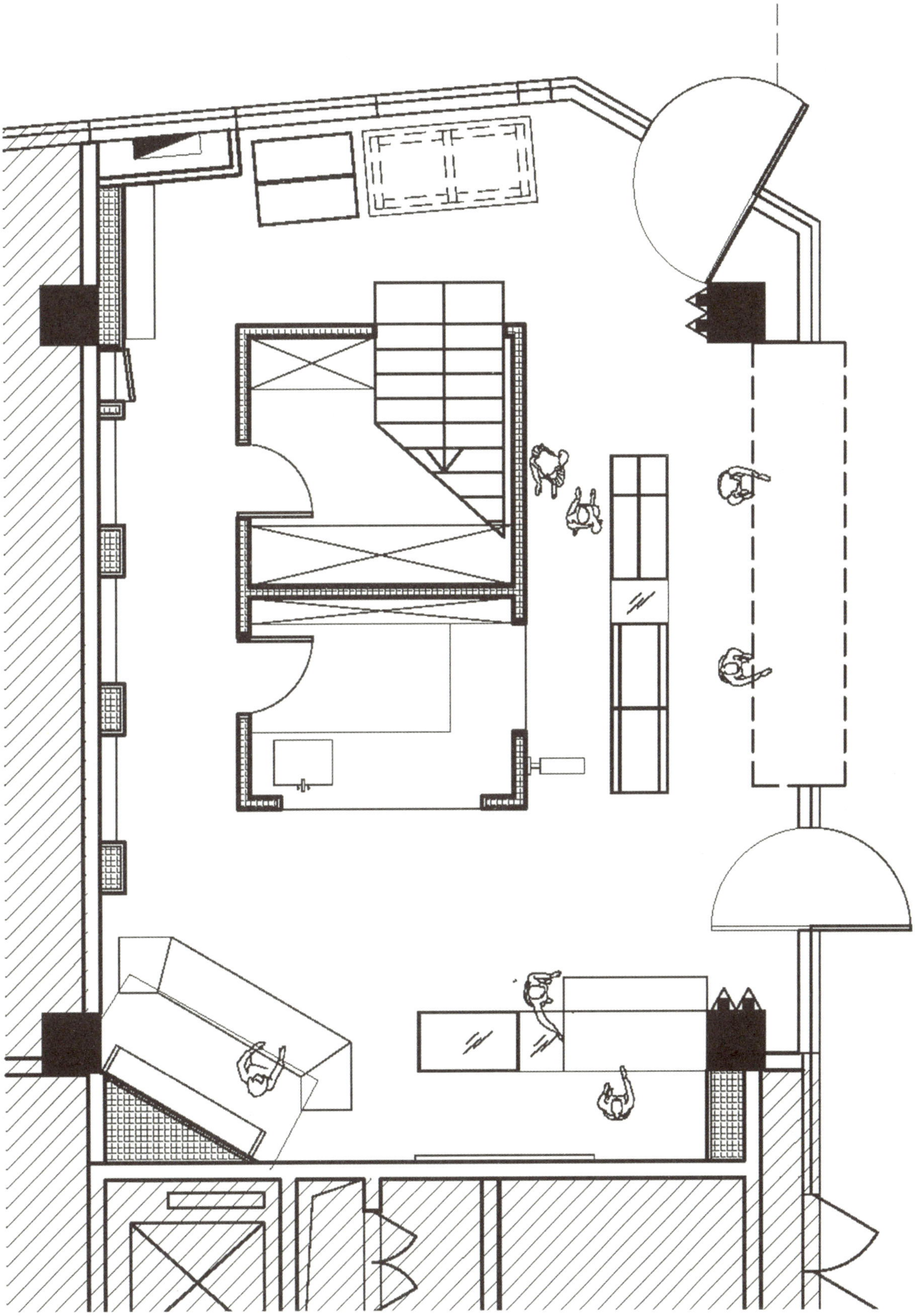

113
第七章
商业空间陈设与绿化设计

图7-55 二层平面布置图

图7-56　店面外墙主入口

图7-57　店面外墙次入口

图7-58　店内陈设与绿化

图7-59　座席区与操作区

图7-60　座席区

图7-61　操作台

图7-62　通往二层的楼梯

图7-63　走道陈设

图7-64 吧台陈设

图7-65 临窗陈设

图7-66 吧台台面绿化

图7-67 走道墙面陈设

课后练习

1. 商业空间家具摆放的基本方法与原则有哪些?
2. 商品陈设有哪些展示技巧?
3. 商业空间中,环境绿化的应用原则和手法有哪些?
4. 收集商业空间陈设与绿化的相关图片并进行分享讨论。

参考文献
REFERENCES

1. 张绮曼，郑曙旸. 室内设计资料集. 北京：中国建筑工业出版社，1993.
2. 郭立群. 商业空间设计. 武汉：华中科技大学出版社，2008.
3. 周莉，袁樵. 餐厅照明. 上海：复旦大学出版社，2004.
4. 鲁睿. 商业空间设计. 北京：知识产权出版社，2005.
5. 周昕涛. 商业空间设计. 上海：上海人民美术出版社，2006.
6. 符远. 展示设计. 北京：高等教育出版社，2003.
7. 田鲁. 光环境设计. 长沙：湖南大学出版社，2006.
8. 张志颖. 商业空间设计. 北京：中国电力出版社，2008.
9. 周长亮，李远. 商业空间设计. 长沙：中南大学出版社，2007.
10. 李泰山. 环境艺术专题空间设计. 南宁：广西美术出版社，2007.